Jean-Louis Le Mouël
et Jean-Paul Poirier

Une brève histoire du MAGNÉTISME

DE L'AIMANT À LA TERRE

8, rue Férou 75278 Paris cedex 06
www.editions-belin.com
Belin: POUR LA SCIENCE

Aux éditions Belin-Pour la Science

- S. Carroll (2013), *Higgs. Le boson manquant.*
- O. Brosseau et C. Baudouin (2013), *Enquête sur les créationnismes. Réseaux, stratégies et objectifs politiques.*
- J.-J. Kupiec (dir.) (2013), *La vie, et alors ?*
- E. Bapteste (2013), *Les gènes voyageurs.*
- V. Tardieu (2012), *Vive l'agro-révolution française !*
- D. Rodino (dir.) (2012), *Trucs et recettes de beauté.*
- J.-P. Capp (2012), *Nouveau regard sur le cancer.*
- A. Kroh (2011), *La bombe et les hommes.*
- A. Van Den Essen (2011), *Les carrés magiques.*
- S. Blundell (2011), *La supraconductivité. 100 ans après.*
- F. Toscano (2011), *La formule secrète, ou le duel mathématique qui enflamma l'Italie de la Renaissance.*
- J.-P. Chalon (2011), *Faire la pluie ou le beau temps. Rêve ou réalité ?*
- A. Nicolas (2011), *Énergies : une pénurie au secours du climat ?*
- A. Meinesz (2011), *Comment la vie a commencé* (2e édition).
- J.-F. Saluzzo (2011), *La saga des vaccins contre les virus.*
- D. Nordon (2010), *À contre-idées. Pour jouer avec les mots… et les idées.*
- A. Andreoli (2010), *L'histoire controversée du test ADN. Entre crimes, mystères et batailles légales.*
- J.-M. Kantor et L. Ghaham (2010), *Au nom de l'infini. Une histoire vraie de mysticisme religieux et de création mathématique.*
- N. Nosengo (2010), *L'extinction des technosaures. Histoires de technologies oubliées.*
- A. Kroh (2009), *Petit traité de l'imposture scientifique.*
- H. Lehning (2009), *À la recherche de la preuve en mathématiques.*
- S. Bencivelli (2009), *Pourquoi aime-t-on la musique ? Oreille, émotion, évolution.*
- J. Collina-Girard (2009), *L'Atlantide retrouvée ? Enquête scientifique autour d'un mythe.*
- D. Jamet et F. Mottez (2009), 2012. *Scénarios pour une fin du monde.*

Photographie de couverture : © SSPL/Leemage
Mise en Pages : Compo Meca

 ISSN 1773-8016 ISBN 978-2-7011-7532-4

Sommaire

Remerciements

Cet ouvrage n'aurait pu être réalisé sans les ressources de nombreuses bibliothèques, en particulier celles de l'Institut et de l'Académie de médecine, ainsi que des archives de l'Académie des sciences. Nous en remercions les conservatrices pour l'aide qu'elles nous ont apportée. Le professeur Jacques Poirier nous a communiqué de nombreux renseignements et articles concernant l'aimant en médecine.

MM. Vincent Courtillot, Maurice Kléman, Jacques Poirier, Jean-Louis Poirier, ont bien voulu relire le manuscrit et nous faire profiter de leurs remarques et suggestions, qu'ils en soient remerciés. Joël Dyon nous a aidés de sa compétence pour les illustrations, nous l'en remercions vivement.

AVANT-PROPOS

La pierre d'aimant attire le fer. Le magnétisme, cette merveilleuse action à distance, déjà remarquée par les Anciens, ne cessa d'intriguer savants et philosophes qui, au cours des siècles, décrivirent les propriétés réelles ou imaginaires de l'étrange pierre qui en était source.

Dès le XIIe siècle, on savait qu'une aiguille d'acier touchée par l'aimant participait de son magnétisme et permettait de s'orienter en mer : la boussole était née… en Chine ou en Occident, qui sait ? Les fondements de l'étude expérimentale de l'aimant furent posés par Pierre Pèlerin de Maricourt au XIIIe siècle, puis par William Gilbert à la fin du XVIe siècle. Ce dernier comprit que la Terre se comportait comme un grand aimant. Au cours des siècles suivants, les éléments de ce qu'on appellera plus tard le « champ magnétique terrestre » (inclinaison et déclinaison de l'aiguille aimantée, intensité) furent mesurés en tous lieux du globe par les navigateurs et explorateurs. Jusqu'au début du XIXe siècle, on chercha, sans succès, à déterminer la longitude en mer par la déclinaison magnétique.

La science du magnétisme fit ensuite de grands progrès, grâce notamment à Charles-Augustin Coulomb, qui démontra, à la fin du XVIIIe siècle, que l'attraction magnétique variait comme l'inverse du carré de la distance, et à Carl Friedrich Gauss, qui donna une description mathématique du magnétisme terrestre, vers le milieu du XIXe siècle. Pour autant, on ne connaissait toujours pas l'origine du magnétisme de la Terre, pas davantage que celle de l'attraction de l'aimant. Cette dernière était attribuée à un fluide magnétique, bien plus mystérieux que le fluide électrique qui, lui au moins, se manifestait par des étincelles ou des secousses. Il fallut attendre le XXe siècle pour comprendre le magnétisme de l'aimant, grâce à la mécanique quantique. C'est également dans la seconde partie de ce siècle que l'on découvrit le biomagnétisme. Quant au magnétisme terrestre, si sa source est maintenant située dans le noyau fluide de la Terre, il y a encore des progrès à faire pour comprendre parfaitement le mécanisme qui lui donne naissance.

Dans la première partie du présent ouvrage, nous nous attacherons à retracer l'histoire du magnétisme de l'aimant et celle du magnétisme terrestre, des origines à la fin du XIXe siècle.

Malgré son importance considérable, nous ne parlerons pas de l'électromagnétisme, né au XIXe siècle avec Ampère, Œrsted, Faraday et Maxwell, car cela nous entraînerait trop loin dans des développements techniques et mathématiques que nous avons choisi de limiter au minimum dans le cadre que nous nous sommes fixé : celui de l'histoire du magnétisme statique de l'aimant et de la Terre, domaine déjà bien assez vaste.

Nous consacrerons la seconde partie de cet ouvrage à une brève histoire, de l'Antiquité à nos jours, des propriétés médicinales de l'aimant, imaginaires ou réelles, que ce « remède » soit administré par voie interne ou par application externe. Enfin, beaucoup entendent par « magnétisme » la faculté des magnétiseurs, détenteurs d'un fluide magnétique mystérieux, de soigner des maladies par imposition des mains ou par diverses autres techniques, dont la plus connue fut celle du baquet de Mesmer. Nous ne pouvons pas éviter de parler de ce magnétisme-là, en particulier en ce qu'il a de commun, à l'origine, avec l'utilisation des aimants dans des buts thérapeutiques.

Certains pensent que les sourciers sont sensibles aux variations du champ magnétique créées par les courants d'eau souterrains, nous en dirons également quelques mots.

Nous avons pris le parti de nous appuyer exclusivement sur des documents originaux, dont certains peu connus, rarement ou jamais cités. Nous n'hésiterons pas à en donner souvent des citations, plutôt que de les paraphraser. Cela, incidemment, nous permettra d'éviter ou, le cas échéant, de corriger un certain nombre d'erreurs propagées dans la littérature secondaire.

PREMIÈRE PARTIE

L'aimant et le magnétisme terrestre, des origines au XXe siècle

Chapitre 1

L'aimant, de l'Antiquité au XVIIe siècle

Les vertus merveilleuses de la pierre d'aimant

Aimant, ou *pierre d'aimant*, est le nom commun du minéral magnétite, un oxyde de fer de formule Fe_3O_4.

L'aimant est connu depuis la plus haute Antiquité et sa propriété d'attirer le fer, seul exemple alors notoire d'action à distance[1], n'avait pas manqué d'émerveiller les Anciens. Pline s'extasiait : « Qu'y a-t-il en effet de plus merveilleux ? et où la Nature montre-t-elle plus de malice ? [...] Qu'y a-t-il de plus inerte qu'une pierre brute ? Mais voilà qu'elle lui accorde le sentiment et des mains. Quoi de plus dur et de plus rebelle que le fer ? mais voilà qu'il cède et se laisse gouverner[2]. » Au XVIIe siècle encore, le jésuite Athanasius Kircher (1601-1680), dans son monumental traité sur l'aimant[3], considérait celui-ci comme un grand miracle de la nature, et le « labyrinthe et abîme impénétrable des philosophes[4]. »

Platon, déjà, savait que l'aimant communique sa vertu au fer qu'il a attiré : « Cette pierre non seulement attire les anneaux de fer eux-mêmes, mais encore leur communique sa force, si bien qu'ils ont la même puissance que la pierre, celle d'attirer d'autres anneaux ; en sorte que parfois des anneaux de fer en très longue chaîne sont suspendus les uns aux autres ; mais leur force à tous dépend de cette pierre[5]. »

Le phénomène de la chaîne magnétique connut un durable succès ; il est mentionné par un grand nombre d'auteurs, parmi lesquels Pline et Lucrèce[6]. Saint Augustin (354-430) confia même qu'il eut la chair de poule lorsqu'il vit pour la première fois[7] une chaîne d'anneaux non pas entrelacés par l'intérieur, mais adhérents par l'extérieur[8] : « Qui ne serait frappé de stupeur par cette force de la pierre qui, non seulement résidait en elle, mais même passait à travers autant d'objets suspendus et les attachait par des liens invisibles ? » Au XVIe siècle, le médecin et mathématicien Jérôme Cardan (Girolamo Cardano)[9] (1501-1576), puis le physicien érudit Giambattista Della Porta[10] (1535-1615) rappelaient que le fer touché de l'aimant attire à son tour le fer, en sorte que les anneaux de fer s'entr'attirent.

Depuis l'Antiquité, les Chinois nomment l'aimant *ci shi*, c'est-à-dire *pierre aimante*[11]. Le médecin chinois Li Shizhen (1518-1593), dans son traité de pharmacologie *Ben cao gang mu*, écrivit[12] : « L'aimant attire le fer comme une mère tendre qui fait venir ses enfants à elle et c'est pour cette raison qu'il a reçu son nom. »

Bref, l'aimant « aime » le fer et il semble qu'il mérite bien son nom. Cependant, cette étymologie, quoique satisfaisante pour l'esprit, est fausse.

Les Grecs appelaient l'aimant 'Ηράκλεια λίθος, *Herakleia lithos*, « pierre d'Hercule », en raison de la force avec laquelle il attire le fer, et non « pierre d'Héraclée », comme le voulaient quelques auteurs anciens[13]. Un autre nom de l'aimant était Μαγνητις λίθος, *Magnetis lithos*, « pierre de Magnésie[14] », d'où vient, par le latin *magnes*, le mot *magnétisme* et le nom anglais de l'aimant, *magnet*.

L'aimant et le diamant

Il est un fait, de prime abord surprenant, mais apparemment incontestable : les Anciens confondaient la magnétite avec le diamant. La cause en est peut-être que la magnétite, sans être aussi dure que le diamant, est d'une très grande dureté, et que les cristaux de magnétite se présentent en petits octaèdres comme certains diamants bruts (avant le XIVe siècle, on ne taillait pas les diamants et les Anciens ne connaissaient donc pas son éclat).

En raison de sa dureté, le diamant était nommé par les Grecs Ἀδαμας, *adamas*, c'est-à-dire « indomptable », et la confusion entre le diamant et l'aimant conduisit à ce que ce dernier fut aussi nommé *adamas*. Au Moyen Âge, on avait oublié l'origine grecque de ce mot et on le prit, à peu de chose près, pour le participe présent du verbe latin *adamare*, ce qui fut évidemment traduit par *aymant*, participe présent du verbe *aymer*[15]. Quant au mot *diamant*, il vient directement d'*adamas*[16]. La confusion entre les pierres se doublait donc d'une confusion dans leurs noms. *Aymant* désignait aussi bien le diamant que l'aimant et, dans le cas de ce dernier minéral, la connotation d'attraction sympathique avec le fer avait évidemment joué un rôle. On peut également noter qu'au XVIe siècle encore, on employait indifféremment le mot *aimant* ou le mot *diamant* pour exprimer l'idée de dureté et de solidité[17].

Marbode (1035-1123), évêque de Rennes, écrivit en vers latins un lapidaire, *De lapidibus*, qui fut longtemps célèbre[18]. Dès le XIIe siècle, il fut traduit en français. Le premier verset est consacré au diamant, *adamante*, qu'on appelle *aimant*. Quant à l'aimant, Marbode le nommait *magnete* et précisait qu'il attire le fer, comme le fait l'aimant… c'est-à-dire le diamant.

La confusion ne se dissipe pas si l'on considère que les Anciens pensaient que le diamant s'oppose à l'aimant. Pline le dit clairement : « Le diamant a une si grande antipathie pour l'aimant que, mis auprès de lui, il ne lui permet pas d'attirer le fer, ou bien si l'aimant a déjà attiré le métal, le diamant saisit le fer et le lui enlève[19] »... ce qui, en réalité, plutôt que de prouver l'antipathie du diamant pour l'aimant, revient à lui attribuer les propriétés de celui-ci !

Après Augustin, qui se fit l'écho de ce qu'il avait lu (dans Pline, évidemment), l'idée que le diamant empêche l'aimant d'attirer le fer fut propagée dans tous les lapidaires du Moyen Âge, en particulier dans le *De mineralibus* d'Albert le Grand[20] (v. 1200-1280).

Au XIVe siècle, alors qu'on savait déjà qu'une aiguille d'acier pouvait s'aimanter et indiquer le nord, Jean de Mandeville (?-1372), dans son *Voyage autour de la Terre*, révéla un moyen de distinguer les diamants véritables des contrefaçons : « Puis on prend une pierre d'aimant, c'est la pierre des mariniers qui attire à elle l'aiguille, on met le diamant sur l'aimant et on lui présente l'aiguille ; si le diamant est véritable et possède sa vertu, l'aimant n'attirera pas l'aiguille quand le diamant sera là[21]. »

Lorsqu'en 1721, Jonathan Swift publia le voyage de Gulliver à l'île aérienne de Laputa, on ne croyait évidemment plus à l'action néfaste du diamant sur l'aimant. En effet, Swift faisait mention d'une pierre d'aimant d'une grandeur prodigieuse, par le moyen de laquelle l'île s'approchait ou s'éloignait de la Terre selon qu'on lui présentait l'un ou l'autre pôle. Or, cet aimant était suspendu par un gros essieu de diamant qui passait par le milieu de la pierre, entourée d'un cercle de diamant soutenu par huit piédestaux, tous de diamant.

L'aimant et l'ail

Plutarque (v. 46-v. 125), après Pline, parlant des antipathies naturelles, disait que l'aimant n'entraîne pas le fer qui a été frotté d'ail[22]. Cette croyance fut propagée pendant tout le Moyen Âge et jusqu'au XVIIe siècle. Le médecin flamand, alchimiste et chimiste, Jean-Baptiste van Helmont (1577-1644) croyait aux vertus néfastes de l'ail et les « expliquait » en disant que l'ail est l'opium de l'aimant et endort ses propriétés spirituelles[23].

Quoi qu'il en soit, dès 1558, Giambattista Della Porta[24] avait fait l'expérience de souffler et d'éructer sur un aimant après avoir mangé de l'ail, et même de le frotter avec du jus d'ail, sans qu'il perde sa vertu d'attirer le fer. Il avait mené une enquête sur la réalité de l'interdiction faite aux hommes de barre sur les vaisseaux de manger de l'ail ou de l'oignon, de peur que leur haleine ne dérangeât les compas : il lui avait été répondu qu'il ne s'agissait que de ridicules contes de vieille femme (*aniles fabellæ*) et que les marins préféreraient perdre la vie plutôt que d'être privés d'aulx et d'oignons. À noter que Magellan, avant de partir pour son périple en 1519, avait fait embarquer, outre 5 700 livres de porc salé et 200 tonneaux de sardines, 450 cordons d'ail et d'oignons[25].

Outre Della Porta, de bons auteurs des XVIe et XVIIe siècles[26] s'employèrent, en termes on ne peut plus clairs, à réfuter les légendes concernant les effets délétères du diamant et de l'ail sur l'aimant, dont l'expérience montrait qu'ils étaient imaginaires. Cardan écrit à ce propos : « Car c'est grande témérité d'escrire choses absurdes, que tu n'auras esprouvées : & est plus grande folie de n'expérimenter ce que tu peux tant facilement[27]. »

De même, le P. Marin Mersenne (1588-1648), religieux des Minimes, qui de son couvent de la place Royale à Paris correspondait avec toute l'Europe savante, se plaignait, en 1634 : « Je désirerais que l'on n'ecrivist jamais nulle expérience qui ne fust véritable, et que ceux qui font des livres de quelque matière que ce soit, ne se servissent point de ce qui est faux. [...] Or cecy est arrivé à plusieurs grands personnages, par exemple à Monsieur de Sales, qui comparant les choses morales aux propriétés de l'aymant dans le 14. chapitre de son Théotime, dit que le diamant, mis entre l'aymant et le fer empesche son opération, dont il dit encore qu'il est privé après qu'on l'a frotté d'ail, quoy que l'un et l'autre soit entièrement contraire aux véritables expériences que nous en avons faites. L'on devrait du moins expériementer les choses qui sont très faciles, comme sont celles-ci et plusieurs autres, avant que de les escrire pour les publier[28]. »

Et, en 1646, le médecin anglais sir Thomas Browne (1605-1682) écrivait, dans un recueil critique de toutes les idées fausses répandues dans le peuple : « Que l'Ail entrave l'attraction de la pierre d'aimant, comme on l'affirme et le croit d'ordinaire, est certainement faux ; cela est cependant énoncé par des auteurs sérieux et estimables. [...] Mais de nombreuses expériences montrent la fausseté manifeste de cette opinion. [...] Ce que certains auteurs, anciens et modernes, mettent en avant est de la même farine, à savoir que l'Adamas ou Diamant empêche ou interrompt l'attraction de la Pierre d'Aimant [...] Car si l'on place un diamant entre une aiguille et une pierre d'aimant, le coït aura quand même lieu[29]. »

Si l'on en croit l'historienne des sciences Patricia Fara, l'ail serait resté interdit dans la Royal Navy jusqu'au XVIIe siècle[30]. En 1817 encore, le journal *The Naval Chronicle*, qui, outre des nouvelles d'intérêt maritime, comportait une rubrique *Nautical anecdotes and selections*, rapportait : « Le pouvoir magnétique d'une aiguille de compas est entièrement détruit ou changé, si on la touche avec le jus d'un oignon. Ce fait peut sembler de peu d'intérêt ; mais nous le considérons comme de la première importance. Après investigation, il peut conduire à des conséquences aussi étonnantes que la découverte même de l'aimant[31]. »

Outre par l'ail et l'oignon, l'aiguille aimantée pouvait aussi, pensait-on, être dérangée par les règles des femmes[32]. L'amiral Bellec rappelle que « les femmes étaient l'objet d'une superstition tenace au même titre que les lapins et ont été absolument indésirables sur les navires jusqu'au XXe siècle[33] ».

Les redoutables montagnes d'aimant

Parmi les fables qui se rapportent à l'aimant, on ne peut pas manquer de citer celle de la « Montagne d'Aimant », située près du rivage d'une mer lointaine (en général aux Indes) qui, attirant les ferrures des navires passant à proximité, les retenait et les empêchait de passer ou, pire, causait leur naufrage en les dépouillant de leurs clous. Cette légende, qui a sa source dans la *Géographie* de Claude Ptolémée (v. 90-v. 168) et dans le lapidaire arabe traduction du pseudo-Aristote (IXe siècle), se propagea jusqu'au XVIe siècle, à travers la littérature médiévale[34]. On la trouve aussi dans un texte chinois du XIe siècle[35].

Dans les *Mille et Une Nuits*, le pilote du vaisseau qui portait le « troisième calender, fils de roi », est terrifié à l'idée de passer près de la Montagne Noire et s'écrie : « [...] Cette Montagne Noire est une mine d'aimant, qui dès à présent attire toute votre flotte, à cause des clous et des ferremens qui entrent dans la structure des vaisseaux. Lorsque nous en serons demain à une certaine distance, la force de l'aimant sera si violente que tous les clous se détacheront et iront se coller contre la montagne : vos vaisseaux se dissoudront, et seront submergés[36]. »

L'astronome Joachim d'Alencé (1640-1707) pouvait encore écrire au XVIIe siècle : « On ne croit pas nécessaire de réfuter ici ce qu'ont écrit Gonzales d'Oviedo[37] & Olaus Magnus[38], touchant les Montagnes d'Aiman, qu'ils feignent de trouver aux Indes & au Nord, sur les côtes de la mer, qui attirent à elles tout le fer des vaisseaux qui naviguent sur ces côtes, & les empêchent de passer outre, puisque l'on sait, par des Voyageurs dignes de foi, que ce sont de pures fables, que ces montagnes sont imaginaires, & que quand même il y aurait de telles montagnes, leur effet n'aurait pas assez d'étendue, pour obliger les vaisseaux qui passent en mer à s'approcher de la côte et à s'y arrêter[39]. »

Deux siècles plus tard, Jules Verne utilisa encore le thème de la Montagne d'Aimant. Un massif d'aimant rappelant la forme d'un sphinx, proche du pôle magnétique sud, joue un rôle déterminant dans le dénouement de son roman *Le Sphinx des glaces* (1897) : « Ce massif n'était qu'un aimant colossal. C'est sous son influence que les ligatures de fer du canot de l'Halbrane avaient été arrachées et projetées, comme si elles eussent été lancées par le ressort d'une catapulte [...]. Ainsi donc, il existait un aimant d'une intensité prodigieuse dans la zone d'attraction duquel nous étions entrés [...]. » (**Fig. 1**).

Fig. 1. La Montagne d'Aimant du *Sphinx des glaces*, illustration originale de George Roux.

Une autre fable, qui traîne dans de nombreux traités de l'Antiquité au Moyen Âge, concerne les statues de fer maintenues en l'air par le moyen d'aimants ; nous n'y reviendrons pas. Il est, en revanche, intéressant de rappeler que c'est au moyen d'un char de fer tiré par un aimant que le prophète Élie arriva sur la Lune : « Je fis construire un chariot de fer fort léger, raconte Élie à Cyrano de Bergerac [...]. Enfin je montai dedans et lorsque je fus bien ferme et bien appuyé sur le siège, je ruai fort haut en l'air cette boule d'aimant. Or la machine de fer, que j'avais forgée tout exprès plus massive au milieu qu'aux extrémités, fut enlevée aussitôt, et dans un parfait équilibre, à cause qu'elle se poussait toujours plus vite par cet endroit. Ainsi donc à mesure que j'arrivais où l'aimant m'avait attiré, je rejetais aussitôt ma boule en l'air au-dessus de moi[40]. »

Quelques spéculations sur l'aimant

La cause de l'attraction du fer par l'aimant resta longtemps inconnue. En 1609, Anselme Boèce de Boodt écrivait qu'à son avis, trouver la cause de l'attraction du fer par l'aimant était non seulement très difficile, mais même complètement impossible[41].

La visionnaire sainte Hildegarde de Bingen (1098-1179) écrivit : « L'aimant est chaud. Il naît de la bave de certains animaux rampants vénéneux qui habitent dans une espèce particulière de sable et dans une espèce particulière d'eau, mais plutôt dans le sable que dans l'eau. Il existe une sorte de limace, vivant auprès de l'eau et demeurant dans l'eau, qui parfois rejette sa bave sur le sol, en certains lieux où l'on forge habituellement le fer. Il est une autre espèce d'animal rampant et vénéneux qui vit aussi autour de l'eau et qui habite dans l'eau, et qui se nourrit de la terre à partir de laquelle on prépare le fer. Celui-ci s'élance vivement sur cette bave, et fait passer son propre venin, de toute sa force, à l'intérieur de celle-ci. Son venin alors durcit comme une pierre. Et si l'aimant a une couleur ferrugineuse et attire naturellement le fer, c'est qu'il est formé à partir du poison qui est né de la terre avec laquelle on fabrique le fer[42]. »

D'autres théories étaient de nature franchement animiste. Ainsi Cardan, persuadé que les pierres étaient douées de vie, écrivait que si l'aimant attire le fer, c'est que c'est son aliment[43], ce que Garzoni et Gilbert prirent la peine de démentir. Cardan reprenait, peut-être sans le savoir, une idée de Némésius (v. 350-v. 420), évêque d'Émèse, en Syrie, pour qui « la pierre d'aimant semble s'écarter de la nature des autres en ce qu'elle attire le fer, et qu'elle s'y attache comme si elle voulait y puiser son aliment[44] ». De même, on trouve dans les lapidaires chinois : « Chaque fois qu'on prend de la limaille de fer et qu'on l'offre en pâture à cette pierre, elle paraît la manger comme un être vivant, et cette limaille de fer dont elle se repaît s'attache à toute la surface de cette pierre et forme comme des touffes de poil[45]. »

Ayant remarqué que l'aimant perd sa force d'attraction au cours du temps, Cardan croyait qu'il vieillissait et finissait par mourir : « Et les vraies pierres souffrent la mort, parquoy elles ont vie. Car chez moi la pierre d'Hercules, dicte aimant, en latin magnes, en peu de temps est périe : & quelque temps attirante vivement le fer, après par succession de temps, elle ne l'a plus attiré[46]. »

On crédite généralement William Gilbert d'avoir écrit, en 1600, le premier traité scientifique sur l'aimant, le *De Magnete.* Résumons ici ce que l'on savait, à cette époque, des propriétés réelles de l'aimant, découvertes par les prédécesseurs de Gilbert, et que celui-ci et ses successeurs continuèrent d'étudier expérimentalement.

– Tout d'abord, bien sûr, la pierre d'aimant attire le fer et l'acier (fer contenant une faible proportion de carbone) et, sans perdre en rien de sa force d'attraction, leur communique par contact une aimantation, les transformant ainsi en aimants « artificiels ». Le fer acquiert facilement l'aimantation, mais la perd également facilement, alors que l'acier est plus difficile à aimanter que le fer doux (presque pur, avec très peu de carbone), mais garde mieux son aimantation.

– Les aimants, naturels comme artificiels, possèdent deux pôles, nord et sud, par lesquels la limaille de fer est attirée préférentiellement. Les particules de limaille se répartissent le long de lignes joignant les pôles (spectre magnétique). Deux aimants s'attirent par les pôles de signe opposé et se repoussent par les pôles de même signe.

– Lorsqu'un aimant est divisé en deux, perpendiculairement à la ligne des pôles (« aimant brisé »), deux pôles de signe contraire apparaissent aux extrémités ainsi créées. Il est impossible d'isoler un pôle.

– Au cours du temps, un aimant perd progressivement sa force d'attraction. Le fer aimanté porté au rouge perd son aimantation.

Toutefois, l'origine des aimants restait mystérieuse et, pendant près de trois siècles, on ne dépassa pas le stade de la phénoménologie. Nous verrons plus loin quelles explications la physique moderne donne des phénomènes d'aimantation.

Chapitre 2

L'aiguille aimantée et la boussole

L'origine de la boussole, ou compas, c'est-à-dire un dispositif à l'usage des marins, utilisant la propriété d'une aiguille aimantée d'indiquer le nord, a longtemps été un sujet de controverse entre les savants. La boussole a-t-elle été inventée en Europe occidentale, ou bien en Chine et apportée en Europe par les Arabes ?

Les tenants de l'origine européenne s'appuyaient sur des textes à propos de la boussole, datant de la fin du XIIe et du début du XIIIe siècle[1].

Alexander Neckam (1157-1217), qui fut professeur à l'université de Paris en 1180, et devint abbé de Cirencester, publia en 1190 un ouvrage intitulé *De naturis rerum*, où il nota : « Les marins [...], lorsque, par temps nuageux, ils ne peuvent plus utiliser la lumière du soleil, ou bien lorsque le monde est enveloppé des ténèbres nocturnes, et qu'ils ignorent dans quelle direction leur vaisseau se dirige, posent sur l'aimant une aiguille qui tourne alors en rond, et quand son mouvement s'arrête, la pointe de l'aiguille regarde le nord[2]. »

Le trouvère Guiot de Provins (1150-1220 ?) composa vers 1205 un poème satirique intitulé *La Bible*, dans lequel il mentionna la boussole[3]. Guiot fait allusion à une aiguille qui, touchée de *la manate* (magnete), *une piere laide et brunete ou li fers volentiers se joint*, se dirige vers une étoile qui *ne se muet* (la Polaire) et permet aux marins de tenir la route *quant li nuis est tenebre et brune c'on ne voit estoille ni lune*[4]. Le mot *manate*, qui veut dire « aimant », fut transcrit fautivement au XVIIe siècle par *marinette*, ce qui est à l'origine de l'erreur, encore répandue, que ce mot désignait la boussole en ancien français[5].

Jacques de Vitry (v. 1170-1240), évêque de Ptolémaïs (Saint-Jean-d'Acre), mentionnait, dans son *Historia orientalis* (1218), la propriété d'une aiguille de fer touchée par l'aimant de rester pointée vers l'étoile Polaire[6], et concluait que l'aimant était très nécessaire à ceux qui naviguent sur la mer[7].

En 1282, dans le premier texte scientifique écrit en italien[8], le moine cosmographe Restoro d'Arezzo attribuait à la vertu du ciel le pouvoir de l'aimant d'attirer le fer et écrivait : « Et nous trouvons qu'il existe une aiguille qui guide les marins qui, par l'influence du ciel, se tourne toujours vers l'étoile qu'on nomme tramontane [la Polaire][9]. »

On prétendit que la boussole avait été inventée vers 1302 par un certain Flavio Gioia, citoyen de la ville d'Amalfi (qui, en 1900, lui éleva une statue). Mais dès le XVIIe siècle, le jésuite Georges Fournier (1595-1652) affirmait « il est constant qu'on se servait communément en France de la marinette plus de cent ans auparavant[10] ». Pire, le géomagnéticien écossais Alexander Crichton Mitchell (1865-1952) a démontré que l'attribution de l'invention de la boussole à Flavio Gioia était une légende, car Flavio Gioia n'avait jamais existé et n'était que le fruit de multiples corruptions de textes[11].

Pour le père Raymundo Pasqual, professeur de théologie à l'université de Majorque, « c'est à Majorque qu'on doit attribuer la gloire d'avoir été la mère qui donna au monde le bonheur de la navigation[12]». C'est, disait-il, un illustre Majorquin, le bienheureux Raymond Llull (v. 1232-1315) qui, dans son *De contemplatione*, fit le premier mention du pouvoir d'une aiguille d'acier touchée par l'aimant de se diriger vers le nord et de son usage pour la navigation[13]. Tous les prétendus prédécesseurs n'avaient considéré que l'aimant et non l'aiguille aimantée, affirmait-il.

Au XVIIIe siècle, grâce aux missionnaires jésuites qui s'étaient familiarisés avec la culture chinoise, l'idée se répandit que non seulement la boussole était d'origine chinoise, mais encore que son invention remontait aux époques les plus reculées.

Certains savants virent d'un mauvais œil que la gloire d'avoir inventé un instrument si utile à l'humanité soit retirée à l'Europe au bénéfice des Chinois.

Le Sarde Domenico Alberto Azuni (1749-1839), juriste spécialiste de droit maritime et membre de plusieurs académies, écrivit en 1805 une *Dissertation sur l'origine de la boussole*[14], qu'il dédia au prince Murat: «D'après les recherches pénibles que j'ai faites à ce sujet, j'ose me flatter d'avoir fixé l'opinion, en prouvant que la découverte de la boussole est due à la France.» Azuni attaquait vigoureusement l'idée que la boussole pût être d'origine chinoise: «Plusieurs écrivains modernes, amateurs de paradoxes, ont voulu attribuer l'invention de la boussole aux Chinois [...]. Quand on a une fois connu la vanité des Chinois et leur peu de scrupule sur les mensonges historiques, il est facile d'apprécier à leur juste valeur tous les rapports merveilleux qu'ils ont fait de leur instruction anticipée dans les sciences exactes, et de leurs découvertes.» S'appuyant sur les textes de Guiot de Provins et Jacques de Vitry, Azuni conclut sans hésiter: «La boussole, n'ayant été mise en usage par aucune autre nation de l'Europe, avant les époques rapportées ci-dessus, aucun autre écrivain étranger n'en ayant parlé avant les Français, il est complètement prouvé, en conséquence, que la gloire de cette importante découverte doit être attribuée à la France.»

Mais les titres de la Chine à «cette importante découverte» étaient plus solides que ne le pensait Azuni.

En 1834, l'orientaliste prussien Julius Klaproth (1783-1835) se fit, de nouveau, l'avocat de la priorité chinoise[15]. Dans une lettre adressée à Alexandre de Humboldt, il commençait par donner les noms de l'aimant et de la boussole dans toutes les langues orientales et occidentales. Il notait qu'en Chine, où l'on connaissait la polarité de l'aiguille aimantée depuis l'Antiquité, celle-ci était nommée *zhi nan zhen*, c'est-à-dire «l'aiguille qui indique le sud». Car, dit-il: «Chez eux, le sud est le côté du monde le plus révéré, et appelé l'antérieur. Le trône de leur empereur est toujours tourné vers le sud, et il en est de même de la façade principale de tous les édifices. Le nord, au contraire, est regardé comme le côté postérieur du monde.» On peut remarquer que, de nos jours, le mot «compas» ou «boussole» se traduit toujours en chinois par *zhi nan zhen*[16], bien que, sans doute sous l'influence occidentale, on trouve aussi *zhi bei zhen*[17] «l'aiguille qui indique le nord». Klaproth mentionnait ensuite dans sa lettre les textes de Guiot de Provins, Jacques de Vitry, Brunetto Latini et d'autres auteurs du XIIIe siècle. Il conclut: «Toutes ces données démontrent bien que l'usage de l'aiguille aimantée était généralement connu en Europe vers la fin du douzième et dans le treizième siècle de notre ère, mais aucun des passages cités ne dit que ce soit en Europe qu'elle a été inventée.»

Klaproth notait encore que les propriétés directives de l'aiguille aimantée étaient connues en Chine dès le début du IIe siècle après J.-C. Il citait l'article «aimant» du premier dictionnaire de la langue chinoise, le *Shuowen*[18]: «Nom d'une pierre avec laquelle on peut donner la direction à l'aiguille». Mais, à la vérité, on ne trouve rien de tel dans le *Shuowen*[19]. En revanche, le *Lun heng*, composé par Wang Chong (v. 20-v. 100) contient le texte «Une pierre d'aimant attire une aiguille[20]».

Klaproth faisait également état des premières lignes d'un passage de l'ouvrage *Mengqi bitan* ou *Mengxi bitan*[21], composé vers 1088 par le médecin Shen Kuo, ou Shen Gua (960-1127), qui fut responsable du Bureau de l'astronomie à la cour des Song du Nord. Ce passage fut traduit intégralement, en 1844, par le sinologue Édouard Biot, fils du physicien Jean-Baptiste Biot: «Ceux qui font des prestiges frottent une aiguille avec la pierre d'aimant, alors elle peut marquer le sud; cependant, constamment, elle décline un peu vers l'est; elle n'indique pas exactement le sud[22]. Lorsque cette aiguille flotte sur l'eau, elle est très agitée: si les ongles des doigts touchent le dessus des bords du bassin où elle flotte, ils peuvent faire qu'elle s'agite très fortement ; seulement, elle continue à glisser et tombe aisément. Il vaut mieux la suspendre pour manifester sa vertu le mieux possible. Voici la méthode : on prend un fil isolé au milieu d'un écheveau neuf de coton[23] ; avec un peu de cire, gros comme un grain de moutarde, on l'attache au milieu exact de l'aiguille et on la suspend dans un endroit où il n'y a pas de vent ; alors l'aiguille constamment montre le midi [...]. Cette propriété qu'a l'aimant d'indiquer le sud, [...] personne n'en a pu donner l'origine[24]. »

Le grand historien des sciences chinoises Joseph Needham (1900-1995) prétendit que ce texte prouvait que, dès le XIe siècle, les Chinois connaissaient non seulement les propriétés directives de l'aiguille aimantée, mais encore la déclinaison, angle entre la direction du nord magnétique et celle du nord géographique[25].

Toutefois, pour Crichton Mitchell, Shen Gua ne voyait pas dans la déviation de l'aiguille un phénomène physique distinct, mais un accident résultant de conditions expérimentales défectueuses[26]. Une interprétation plus récente de la note 437 du *Mengxi bitan* aboutit à une conclusion voisine de celle de Crichton Mitchell : Shen Gua ne « découvrit » pas la déclinaison magnétique dans le sens moderne du terme. Ce qu'il trouva était une anomalie dans le comportement de « l'aiguille pointant vers le sud » et il proposa la nouvelle technique de suspendre l'aiguille par un fil de soie pour remédier à cette anomalie[27]. On doit se garder de croire que « Shen Gua penserait les concepts de la science comme au XXe siècle, tout en continuant incompréhensiblement à traduire sa pensée en langue chinoise médiévale[28] ».

Quoi qu'il en soit, il est bien vraisemblable que, jusque vers le XIe siècle, le compas était uniquement utilisé pour la géomancie (*feng shui*), c'est-à-dire « l'art d'adapter les résidences des vivants et les tombes des morts, de façon à coopérer avec les courants locaux de souffles cosmiques[29] », et non pour se diriger en mer.

La première preuve irréfutable que les Chinois utilisaient la boussole pour la navigation dès le XIIe siècle vient d'un passage de l'ouvrage traitant de la navigation, le *Pengzhou ketan*, écrit entre 1111 et 1117 par Zhu Yu : « Par temps couvert, les pilotes des navires observent l'aiguille qui pointe vers le sud[30]. »

Qui donc, des Chinois ou des Occidentaux, ont découvert les premiers la boussole ? Finalement, cette longue controverse était vaine. En effet, après avoir examiné de manière critique tous les textes, Crichton Mitchell conclut qu'il n'y a aucune preuve que l'usage de la boussole ait été transmis de la Chine en Europe par les navigateurs arabes, et qu'il est très probable que la boussole ait été indépendamment inventée en Europe, sans doute aussi tôt qu'en Chine[31].

Chapitre 3

L'aiguille aimantée, instrument des premiers magnéticiens

Petrus Peregrinus

La boussole a permis les voyages maritimes d'exploration du globe, mais on ne doit pas négliger le rôle essentiel de l'aiguille aimantée comme instrument d'investigation du magnétisme terrestre par les savants, entre le XIIIe et le XVIIe siècle.

Le 8 juillet 1269, Pierre Pèlerin de Maricourt, connu sous le nom de Petrus Peregrinus, qui était sans doute picard et ingénieur militaire, mais dont on sait fort peu de chose, envoya à son ami Siger de Foucaucourt une lettre en latin sur l'aimant, l'*Epistula de magnete.* Bien que son importance ait été minimisée par certains auteurs, à la suite de Gilbert qui cependant lui devait beaucoup, il est clair que cette lettre[1] fait date dans l'histoire du magnétisme. En fait, Peregrinus a démontré les propriétés essentielles de l'aimant quelque trois cents ans avant Gilbert[2]. Roger Bacon, dans son *Opus tertium*, citait *magister Petrus de Maharicuria Picardus* comme un mathématicien parfait[3], et Garzoni nota qu'on l'appelait « le Maître de l'aimant » (*il Maestro della calamita*[4]).

La lettre de Peregrinus comporte trois parties : dans la première, il traite des propriétés de l'aimant ; dans la deuxième, il donne les instructions pour fabriquer un instrument permettant de déterminer l'azimut du Soleil ou d'une étoile par rapport au nord magnétique; enfin, dans la troisième, il donne le plan de construction d'une roue qui peut tourner perpétuellement[5]. Peregrinus est le premier à avoir réalisé l'expérience de l'aimant brisé, et à avoir clairement mis en évidence les pôles de l'aimant. C'est lui qui a introduit le mot «pôle» et non Gilbert, comme le prétendit à tort le physicien écossais John Robison (1739-1805)[6].

Pour Petrus, la pierre d'aimant «porte en elle-même la ressemblance avec le ciel [...]. Et c'est pourquoi, comme dans le ciel, il y a deux points plus remarquables que les autres, par le fait que la sphère céleste tourne autour d'eux comme sur des axes dont l'un est appelé pôle arctique ou nord et l'autre antarctique ou sud, ainsi distingues-tu parfaitement dans cette pierre deux points, l'un nord l'autre sud.» Il donna la méthode pour les déterminer: il faut tailler une sphère dans la pierre d'aimant et poser à sa surface une aiguille de fer; celle-ci s'oriente suivant un méridien que l'on trace, puis on place l'aiguille en d'autres endroits et on trace les méridiens correspondants. Les pôles se trouvent à l'intersection des méridiens. On peut les déterminer encore plus précisément en cherchant l'endroit où un petit fragment d'aiguille demeure debout perpendiculairement à la surface. Pour trouver lequel des deux pôles est le pôle nord, on fait flotter dans un grand récipient plein d'eau la sphère d'aimant placée dans une petite cuvette. Le pôle nord de la pierre se tourne vers le pôle nord du ciel.

Peregrinus contestait l'idée reçue que l'aiguille de la boussole se dirige vers «l'étoile nautique» (la Polaire). En vérité, disait-il, elle ne se tourne pas vers cette étoile, qui ne marque pas vraiment le nord[7], mais vers le pôle du monde, autour duquel tournent les étoiles fixes. «C'est pourquoi les pôles de l'aimant reçoivent leur force des pôles du monde» et non, comme le pensaient certains, de mines d'aimant situées près des pôles de la Terre.

La sphère d'aimant de Peregrinus était à l'image du ciel, alors que celle de Gilbert (*Terrella*) était, comme nous le verrons, à l'image de la Terre.

Petrus pensait même qu'une sphère d'aimant, avec son axe nord-sud orienté suivant l'axe du monde et maintenue légèrement entre deux pivots aigus la touchant aux pôles, tournerait en suivant les mouvements du ciel et pourrait servir d'horloge. Il écrivit à son ami : « Mais si cela ne se vérifie pas, attribues-en la défaillance plutôt à ton inhabileté qu'à la nature. »

Bien que son ouvrage ait été plagié, en 1562, par Jean Taisnier[8] (1508-1562), maître de chapelle de l'archevêque de Cologne, on a pu dire qu'après Petrus Peregrinus, les recherches sur le magnétisme cessèrent pendant environ trois cents ans, jusqu'à ce que Gilbert fasse paraître son traité *De magnete* en 1600 et que Le Nautonier publie, en 1603, sa *Mécométrie de l'eymant* (voir p. 48).

Toutefois, outre Peregrinus, Gilbert eut aussi des prédécesseurs au XVIe siècle, auxquels il emprunta certaines idées, en particulier Robert Norman, auteur de *The newe attractive*[9] (1581), et surtout le jésuite vénitien Leonardo Garzoni (1543-1592), dont les *Trattati della calamita*[10] (env. 1580), restés manuscrits, furent récemment redécouverts à la bibliothèque Ambrosienne de Milan[11].

Robert Norman

Robert Norman (v. 1550-v. 1600) avait longtemps navigué, avant de s'établir comme fabricant d'instruments de navigation – dont évidemment le compas. En 1581, il fit paraître un opuscule d'une quarantaine de pages, intitulé *The newe attractive.* Il précise, dans l'introduction, que ses arguments sont fondés seulement sur l'expérience, la raison et la démonstration. La contribution essentielle de Norman est la mise en évidence de l'inclinaison de l'aiguille aimantée (qu'il appelle malencontreusement « *declination* »). Il savait que pour que l'aiguille du compas se maintienne horizontale, il fallait l'équilibrer, en plaçant un contrepoids du côté sud ou en la raccourcissant du côté nord. Ayant décidé d'étudier plus à fond ce problème, il construisit la première boussole d'inclinaison : une aiguille pivotant autour d'un axe horizontal, entre deux plaques de verre. À la latitude de Londres, l'aiguille alignée dans le méridien magnétique s'inclina de 71° 51′ par rapport à l'horizontale.

En dépit du titre de son ouvrage, Norman réfutait les opinions de ceux qui pensaient que l'aiguille aimantée indique le nord parce qu'elle était attirée par des mines d'aimant situées au pôle nord, ou de ceux, comme Martin Cortés[12], qui croyaient qu'elle était attirée par les pôles du monde. Norman, ayant enfilé une aiguille d'acier dans une petite boule de liège, de façon qu'elle soit en équilibre indifférent dans l'eau d'une coupe (**Fig. 2**), constata, après l'avoir aimantée, qu'elle ne se déplaçait pas comme elle le ferait si elle était attirée vers un point, mais qu'elle tournait seulement vers le nord, tout en s'inclinant dans la direction de la « force magnétique ». Il est, semble-t-il, le premier à avoir compris que l'aiguille aimantée est soumise, dans un champ uniforme, non à une force attractive, mais à un couple qui la fait tourner. Norman propose de remplacer le concept de point « attractif » par celui – à la vérité peu clair – de point « respectif » : ce point, vers lequel se dirige l'aiguille, mais qui ne l'attire pas, se trouverait quelque part à l'intérieur de la Terre et pourrait être déterminé en mesurant l'inclinaison à différentes latitudes.

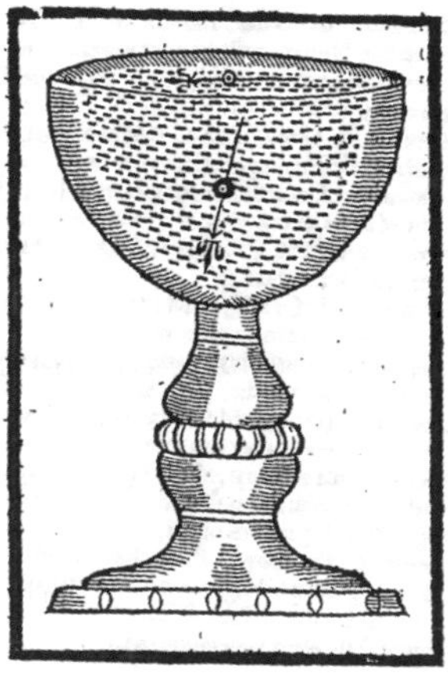

Fig. 2. L'aiguille aimantée enfilée dans une boule de liège, en équilibre indifférent dans une coupe d'eau, s'incline dans la direction de la force magnétique (Norman, *The newe attractive*, 1720).

Leonardo Garzoni

La contribution à l'étude du magnétisme de Leonardo Garzoni a été analysée de façon détaillée par l'historienne des sciences Monica Ugaglia, qui a publié ses *Trattati della calamita*[13]. Garzoni connaissait l'*Epistula* de Petrus Peregrinus, qu'il avait, dit-il, recopiée d'un vieux manuscrit dans une bibliothèque vénitienne[14]. Il développa et approfondit certains des points soulevés par Peregrinus, mais il critiqua son hypothèse suivant laquelle l'orientation vers le pôle serait due à une similitude de forme entre la pierre d'aimant et la sphère céleste. Pour Garzoni, ce mouvement était dû à un principe interne à l'aimant, ou «forme substantielle[15]»; pour se manifester, cette forme utilise comme instrument une qualité, possédée par l'aimant, qu'il nommait «qualité des deux faces», nord et sud (*qualità delle due facce*). Il comparait la diffusion de la qualité «intentionnelle» des deux faces autour de l'aimant à la diffusion de la lumière. Afin de déterminer la sphère d'activité de cette qualité, Garzoni observa les lignes suivant lesquelles s'organisaient de petits morceaux d'aimants flottant sur l'eau autour d'une plus grande pierre d'aimant ; il constata que ces lignes consistaient en rayons issus des deux pôles de la pierre et longeant les côtés de celle-ci, préfigurant les lignes de force du champ magnétique[16]. Il comprit ainsi qu'il n'y avait pas un centre de diffusion unique de la vertu magnétique, coïncidant avec le centre géométrique de l'aimant (comme le croira Gilbert), mais que la « sphère d'activité » avait deux « centres » coïncidant avec les pôles.

Permettons-nous ici une digression. Nous retrouverons souvent dans cet ouvrage les « spectres magnétiques » de limaille de fer matérialisant les lignes de force magnétiques. Rappelons que l'on doit la notion de ligne de force au grand physicien et chimiste Michael Faraday (1791-1867) : « Le terme “ligne de force magnétique” exprime simplement la direction de la force en un endroit donné, et non une idée physique de la façon dont la force est exercée, comme par action à distance, pulsations, ondes, courant, que sais-je. Une ligne de force magnétique peut être définie comme la ligne qui est décrite par une très petite aiguille magnétique lorsqu'elle est déplacée dans la direction de sa longueur de sorte qu'elle reste constamment tangente à la ligne de mouvement [...]. La direction de ces lignes autour d'aimants et de courants électriques est facilement représentée et comprise, de manière générale, par l'usage ordinaire de limaille de fer[17]. » Les lignes de force seront à l'origine de la féconde notion de « champ » qui remplacera, dans la physique moderne, l'action à distance newtonienne.

William Gilbert

Le religieux servite vénitien Paolo Sarpi (1552-1623[18]) se serait très largement inspiré du traité de Garzoni pour rédiger un *Trattato della calamita*, aujourd'hui perdu, mais grâce auquel William Gilbert aurait eu connaissance de l'œuvre de

Garzoni[19]. Il n'est pas question d'accuser Gilbert de plagiat, mais il reste que la liste des ressemblances entre le traité de Garzoni et le *De magnete* de Gilbert est impressionnante[20].

Gilbert n'était clairement pas homme à attribuer quelque mérite à d'autres que des Anglais[21]. Dans le premier chapitre de son *De magnete*, il mentionne négligemment « un petit ouvrage attribué à un certain Petrus Peregrinus, assez érudit pour l'époque ; beaucoup croient qu'il tire son origine des opinions de Roger Bacon, Anglais d'Oxford[22]. »

Il n'en reste pas moins que l'œuvre de Gilbert a eu une importance considérable dans l'histoire du magnétisme ; son livre, écrit en latin, eut un grand retentissement dans le monde savant.

Les vues pénétrantes de Gilbert furent à l'origine de ce que l'on appela, avec lui, la « philosophie magnétique », qui pendant au moins la première moitié du XVIIe siècle, attribua une grande variété de phénomènes au magnétisme[23].

Gilbert décrivit les nombreuses et importantes expériences qu'il réalisa sur des pierres d'aimant de diverses formes, mais sa contribution essentielle reste d'avoir attribué le pouvoir directif de l'aiguille aimantée, non à l'étoile Polaire, ou au ciel comme Peregrinus, mais à la Terre. Comme Peregrinus, il façonna une pierre d'aimant en forme de sphère, mais lui n'y voyait pas une similitude avec le ciel. Il écrivit : « Comme la forme sphérique, qui est la plus parfaite, s'accorde mieux avec la Terre, qui est un globe, et aussi comme c'est la forme la plus propre aux expériences, nous nous proposons de donner notre principale démonstration à l'aide d'une pierre d'aimant en forme de globe, comme étant la meilleure et la plus appropriée. Prenez alors une forte pierre d'aimant, solide, de la bonne taille[24], uniforme, dure, sans défaut ; sur un tour [...] donnez-lui la forme d'une boule [...]. »

En réalité, le globe d'aimant n'était pas seulement, pour Gilbert, un modèle réduit de la Terre, car il participait de la Terre elle-même : « La pierre ainsi préparée est un véritable rejeton homogène de la terre et est de la même forme[25]. [...]

À cette pierre ronde, nous donnons le nom de Μικρογη ou *Terrella*[26]. » (**Fig. 3**).

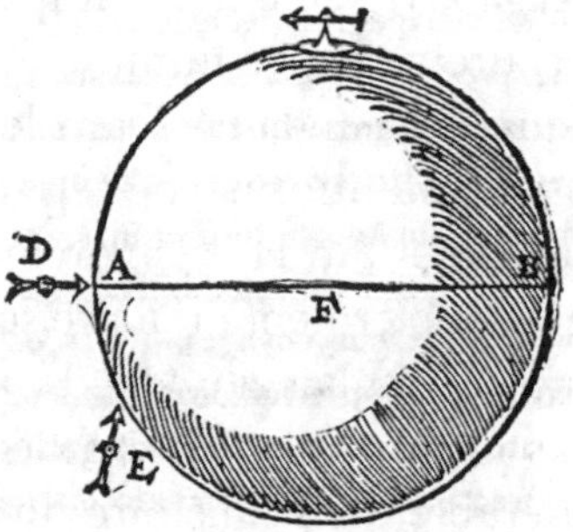

Fig. 3. *Terrella* : l'inclinaison de l'aiguille aimantée sur la *terrella* varie de 0° à 90° entre l'équateur (ici vertical) et le pôle (Gilbert, *De magnete*, 1600).

Gilbert étendit les propriétés de sa *Terrella* à la Terre entière : *Magnus magnes est globus terrestris*, le globe terrestre est un grand aimant. Le chapitre 17 du livre I est intitulé : « Le globe terrestre est magnétique, et est une pierre d'aimant, et juste comme entre nos mains la pierre d'aimant possède toutes les forces primaires de la Terre, de même la Terre en raison des mêmes puissances garde toujours la même direction dans l'univers[27]. » Gilbert poursuit : « La pierre d'aimant et tous les corps magnétiques semblent contenir en eux-mêmes la puissance du cœur de la Terre et de ses viscères les plus secrètes. [...] La pierre d'aimant possède les actions particulières au globe, d'attraction, polarité, révolution, ainsi que celle de prendre position dans l'univers selon la loi de l'ensemble ; elle contient les suprêmes excellences du globe et les ordonne. »

L'assimilation de la *Terrella* à la Terre magnétique ressortit, d'une certaine façon, à des conceptions animistes[28], ce qui n'empêcha pas Gilbert de développer son idée dans un cadre scolastique. Toutefois, Gilbert donnait souvent un sens nouveau aux termes traditionnels et son vocabulaire péripatéticien a pu tromper non seulement les historiens modernes, mais encore ses contemporains[29].

Suivant Aristote et les scolastiques, Gilbert distinguait la matière (*materia*) et la forme (*forma*[30]). Selon lui, la matière et la forme sont à l'origine, respectivement, de l'attraction électrique, cause de la cohésion du globe terrestre, et de l'attraction magnétique, cause de la rotation de la Terre et de la direction fixe de son axe. Mais il avait cependant soin de prendre ses distances avec Aristote : « Cette forme est unique et particulière : [...] non pas la forme primaire d'Aristote, mais la forme unique qui maintient et ordonne son globe. Une telle forme est une dans chaque globe (le Soleil, la Lune, les étoiles) ; dans la Terre aussi elle est une, et c'est la véritable puissance magnétique que nous appelons l'énergie primaire. [...] Car il y a dans la Terre une énergie (*vigor*) qui lui est propre, de même que le soleil et la lune ont chacun leur propre *forma*. [...] C'est ainsi que nous devons traiter de la Terre, qui est un corps magnétique, un aimant[31]. »

À la différence de Della Porta et de Garzoni, Gilbert prétendait (à tort) que la « sphère d'activité » a pour centre le centre de la *Terrella* et que les « rayons de force magnétique » sont dispersés dans toutes les directions à partir de ce point.

Gilbert pensait que l'aiguille aimantée se dirigeait vers les pôles de la Terre et donc que les pôles magnétiques étaient confondus avec les pôles géographiques, ce qui était logique, puisqu'il attribuait la constance de l'orientation de l'axe de la Terre au magnétisme terrestre. Il rendait compte de la déclinaison (que, bon gré mal gré, il devait bien accepter) en disant qu'elle était due à des inégalités du relief de la surface de la Terre. Il justifiait cette idée par des expériences montrant que l'aiguille aimantée promenée sur une *Terrella* présentant des irrégularités de surface était déviée par les excès ou les défauts de matière magnétique correspondant respectivement aux bosses et aux creux.

Un des résultats expérimentaux les plus importants et les plus connus de Gilbert concerne la variation de l'inclinaison de l'aiguille aimantée avec la latitude. Il avait placé le long d'un méridien de la *Terrella* des petits bouts de fil de fer, « de la longueur d'un grain d'orge». À l'équateur, les fils de fer étaient dans le plan horizontal, dirigés vers les pôles; plus ils étaient situés près des pôles, plus ils s'inclinaient sur l'horizontale et, aux pôles, ils se tenaient debout verticalement, dirigés vers le centre[32] (rappelons que c'est ainsi que Peregrinus déterminait les pôles de sa sphère). L'inclinaison pouvait donc, en principe, être utilisée pour déterminer la latitude.

Comme Norman avant lui, Gilbert enfila une aiguille aimantée dans un morceau de liège, la plongea dans l'eau d'une coupe et observa sa direction alors qu'elle était en équilibre indifférent. Il illustra l'expérience par une figure qui ne diffère de la figure de Norman que par le style de la coupe[33].

Les cinq premiers livres du *De magnete* sont consacrés aux expériences sur la *Terrella*, et le sixième et dernier livre traite de la Terre, que Gilbert pensait être un grand aimant, et de sa rotation[34].

Dans son *Dialogue sur les deux grands systèmes du monde* (1632), Galilée fait longuement référence à Gilbert. À Salviati, l'homme cultivé, qui explique que le globe terrestre «n'est qu'une immense masse de pierre d'aimant», Simplicio, le péripatéticien, demande: «Vous êtes donc de ceux qui adhèrent à la philosophie magnétique de Guillaume Gilbert?» Ce à quoi Salviati réplique: «J'en suis, certainement, et je crois avoir pour compagnons tous ceux qui auront lu attentivement son livre et vérifié ses expériences[35].»

Plus loin, Salviati dit: «Je loue, j'admire extrêmement et j'envie cet auteur [...] il me paraît encore digne de la plus grande louange pour les nombreuses observations nouvelles et véridiques qu'il a faites. [...] Ce que j'aurais désiré chez Gilbert est qu'il eût été un peu plus grand mathématicien, et en particulier qu'il se fût bien appuyé sur la géométrie, la pratique de laquelle l'eût rendu moins résolu à accepter pour démonstrations concluantes les raisons qu'il donne pour véritables causes des conclusions véritables observées par lui. [...] et je ne doute pas, qu'avec le progrès du temps on n'arrive à perfectionner cette nouvelle science, par de nouvelles observations et des démonstrations plus exactes et nécessaires. Mais, la gloire du premier observateur ne doit pas, pour cela, en être diminuée[36]. »

Dans les années qui suivirent la publication du *De magnete*, d'âpres controverses s'élevèrent sur la place de la Terre dans le monde. Les disputes et écrits de l'époque sont souvent rendus confus – la confusion existe encore parfois aujourd'hui – par le fait que les mots « la Terre tourne » peuvent se référer aux deux mouvements de la Terre : la rotation sur son axe en un jour et la révolution autour du Soleil en un an, au cours de laquelle l'axe de la Terre garde une orientation fixe par rapport aux étoiles.

Pour Copernic, comme pour Galilée qui embrassa le système copernicien, la Terre tourne bien à la fois sur elle-même et autour du Soleil. Notons qu'en 1600, l'Église n'avait pas encore pris officiellement position contre le système de Copernic. Ce n'est, en effet, que par le Décret du 5 mars 1616 que les livres coperniciens furent mis à l'Index, et c'est en 1619 que fut condamné le livre de Kepler *Epitome Astronomiæ Copernicanæ*[37]. Copernic qui, dans son *De revolutionibus orbium cœlestium* (1543), avait soutenu que la Terre tournait, ne connaissait pas la cause de ce mouvement. Ce qui était reproché à Galilée était d'ailleurs de présenter le système de Copernic « *senza apportar alcuna solutione*[38] ». Gilbert, résolument copernicien, crut apporter une solution en proposant une interprétation magnétique à la fois du mouvement diurne et du mouvement orbital annuel.

Dans l'opinion des anciens philosophes, la *sphère des fixes*, portant les étoiles, tournait autour de la Terre immobile ; il fallait donc admettre l'existence d'un moteur qui la fasse tourner, le *primum mobile*. Gilbert n'eut pas de mots assez durs pour stigmatiser cette idée folle : « Cet incompréhensible[39] *primum mobile* devrait être constitué de matière, à une énorme altitude, et surpassant en masse toute la création en dessous, car autrement, il ne pourrait pas faire tourner d'est en ouest tout l'Univers, jusqu'à la Terre, et il nous faudrait accepter une force universelle, un despotisme sans fin, une tyrannie haïssable[40]. »

Les Anciens connaissaient la précession des équinoxes qui fait tourner les étoiles, très loin de nous, en 26 000 ans, et le *primum mobile* qui est infiniment plus éloigné aurait une rotation diurne ? « À coup sûr, dit Gilbert, c'est de la superstition, une fable philosophique à laquelle ne croient aujourd'hui que les simples d'esprit et les ignorants ; cela ne mérite même pas qu'on s'en moque ; et pourtant, cette opinion, dans le passé, était soutenue par le calcul et la comparaison des mouvements, et généralement adoptée par les mathématiciens, poussés par la racaille importune des philosophâtres. [...] Nous devons donc rejeter cette erreur enracinée au sujet de cette folle et furieuse vitesse. »

Il conclut : « De tous ces arguments, ce n'est pas avec une simple probabilité, mais avec certitude que nous déduisons la rotation diurne de la Terre ; car, la nature agit toujours par moins plutôt que plus de moyens ; et parce qu'il est plus en accord avec la raison de penser que la Terre, un petit corps, fasse une révolution journalière, plutôt que de supposer que l'Univers entier tournoie autour d'elle. » D'ailleurs, si la Terre ne tournait pas sur elle-même en 24 heures, dit plus loin Gilbert, le Soleil, qui alors brillerait en permanence au-dessus des mêmes régions, la brûlerait, la réduirait en poudre, empêcherait toute vie, et l'Homme périrait. Gilbert, emporté par sa polémique, oublie que les opposants à la rotation de la Terre réglaient facilement ce problème en faisant tourner le Soleil autour de la Terre.

Remarquons que, jusqu'à présent, Gilbert, pour justifier la rotation de la Terre, n'avait utilisé que des arguments de bon sens contre l'immobilisme, mais n'avait pas encore fait appel au magnétisme comme cause du mouvement.

On a pu soutenir[41] que le *De magnete* avait essentiellement pour but d'offrir la solution au problème soulevé par la théorie copernicienne : quelle est la cause de la rotation de la Terre ? Gilbert aurait eu la réponse : les aimants peuvent tourner spontanément, la Terre est un grand aimant, donc la Terre tourne. Kircher[42], à ce propos, remarqua justement que, certes, un aimant éloigné de sa position naturelle, c'est-à-dire le pôle nord tourné vers le nord, y revient en tournant spontanément, mais qu'il ne tourne pas de façon continue en 24 heures.

Gilbert n'est d'ailleurs pas très explicite ; après avoir, dans un chapitre précédent, affirmé que « la force magnétique est animée, ou imite une âme », il se contente de dire que la Terre tourne « par vertu de son énergie magnétique et primaire[43] » et, plus loin, que « les causes du mouvement diurne doivent être trouvées dans l'énergie magnétique et dans l'alliance des corps : c'est-à-dire ce pourquoi une révolution de la Terre est effectuée en 24 heures[44] ». Dans sa « *laudatory address* » introduisant le *De magnete*, le cartographe Edward Wright (1558-1615), ami et collaborateur de Gilbert[45], assurait néanmoins que personne n'avait jamais donné de preuve plus certaine du mouvement de la Terre.

Pour rendre compte de la stabilité dans l'espace de l'axe de rotation de la Terre, Gilbert invoquait la cause finale : « Donc, par la merveilleuse sagesse du Créateur, furent implantées dans la Terre des forces essentiellement animées, aux fins que le globe puisse, avec constance, prendre une direction, et que les pôles puissent être opposés, de telle manière que sur eux, comme sur les extrémités d'un axe, la rotation diurne puisse s'accomplir. Or, la constance des pôles est contrôlée par l'âme primaire. C'est donc pour le bien de la Terre que les collimations des verticités ne regardent pas en permanence un point fixe dans le firmament et dans les cieux visibles. »

Le médecin Mark Ridley (1560-1624) publia en 1613 un ouvrage sur le magnétisme, destiné à promouvoir les idées de son ami Gilbert. Il y mentionne que la pierre d'aimant est couramment appelée *load-stone*, mais aussi, par les marchands de fer, *osmound-stone*[46]. Il trouve ce nom approprié, « parce que la pierre d'aimant est pour ainsi dire *os mundi*, l'os du monde, car par sa vertu magnétique, elle est comme un os et un pilier, par lequel le monde et le globe de la Terre est soutenu et supporté dans sa juste situation, de même que le petit monde du corps de l'Homme est supporté par ses os[47]. »

Gilbert, s'opposant à Petrus Peregrinus, écrit: «Je ne parle pas de ce que Petrus Peregrinus affirme aussi fermement, à savoir qu'une *Terrella* en équilibre sur ses pôles dans le méridien se meut circulairement effectuant une complète révolution en 24 heures. Nous n'avons jamais eu l'occasion de voir cela: au vrai, nous doutons qu'un tel mouvement existe, à la fois à cause du poids de la pierre elle-même, et du fait que la Terre entière, comme elle se meut d'elle-même, est entraînée par les autres étoiles; mais cela n'advient pas proportionnellement dans aucune partie de la Terre, une *Terrella* par exemple. [...] La Terre donc tourne, et par une loi certaine de nécessité, et par une énergie qui est innée, manifeste, évidente, elle tourne en cercle autour du Soleil.» Gilbert donne une explication pour le moins obscure de ce dernier point, en disant que le Soleil «cause la révolution du globe par l'émission des énergies de ses sphères – l'effusion de sa lumière[48]».

Gilbert mentionne qu'il n'a pas réussi à voir la rotation diurne de la petite sphère d'aimant suggérée par Peregrinus, ce qui tendrait à faire croire qu'il a tenté l'expérience qui, peut-être pensait-il, aurait confirmé de façon éclatante son idée que la rotation de la Terre était due au magnétisme[49]. Il se peut que Gilbert considérait, à tort, la réussite de cette expérience comme une preuve de la rotation de la Terre, mais il est certain que Petrus n'y aurait vu que la manifestation de la rotation de la sphère céleste autour de la Terre. Quoi qu'il en soit, la rotation de la sphère d'aimant était de toute façon impossible.

En 1634, le jésuite Silvester di Petra Sancta (1590-1647) notait incidemment[50]: «Je sais que les effets de la pierre d'aimant sont tout à fait admirables et que sa vertu produit toujours quelque chose de nouveau. Ainsi récemment, à Liège dans le Collège anglais de notre Société, le P. Franciscus Linus[51], maître de mathématiques, a heureusement inventé un globe qui, entouré d'eau au centre d'un vaisseau (comme la Terre est entourée d'air) reste en équilibre [...]. Mais il effectue la révolution du ciel d'orient en occident, par une puissance mystérieuse et comme par quelque amour. Il fait un tour complet en vingt-quatre heures[52] ».

Dans une lettre à Galilée[53], l'astronome érudit Nicolas-Claude Fabri de Peiresc (1580-1637) écrivait qu'il a lu le livre de Petra Sancta, et qu'il a demandé davantage d'informations sur cette merveilleuse machine. En particulier, se fondant sur des on-dit, le peintre Pierre-Paul Rubens (1577-1640), qui avait dessiné le frontispice du livre, lui a assuré que cette « horloge hydraulique » fonctionnait. Peiresc conclut que si ce que l'on rapporte de cette machine est exact, ce serait une preuve tombée du ciel pour convaincre ceux qui ont tant de répugnance pour la doctrine copernicienne. Les soupçons seraient écartés par le fait que l'inventeur de la machine et celui qui a publié l'invention sont tous deux des pères jésuites.

En 1639, le P. Mersenne, dans une très courte note sur l'aimant, écrite à l'intention du P. Kircher, rejetta l'idée qu'une *Terrella* puisse tourner en 24 heures[54]. Kircher considérera « fausse et étrange[55] » l'opinion de Peregrinus qu'une sphère d'aimant puisse suivre le mouvement du ciel.

Johannes Kepler (1571-1630) admettait, d'après Gilbert, que les planètes étaient des aimants. « Est-il incroyable, écrit-il, que les corps célestes soient d'énormes aimants[56] ? » Il expliquait, dans un premier temps, le mouvement circulaire des planètes par l'action des forces magnétiques issues du Soleil[57]. Kircher pensait qu'il n'y avait pas meilleur mathématicien que Kepler… mais qu'il n'y avait pas pire physicien ; il entreprit de réfuter son opinion selon laquelle le Soleil est un grand aimant qui tourne sur lui-même et entraîne les planètes dans sa rotation[58].

Plus tard, l'astronome flamand Godefroid Wendelen (1580-1667) « bâtira le système des planètes tout entier sur le modèle magnétique, approchant ainsi la notion d'attraction universelle. La condamnation de Galilée le découragea de publier son ouvrage, qui reste inédit à la bibliothèque de Bruges[59]. »

Les opposants jésuites à Gilbert : Grandami, Kircher et Cabeo

Au rebours de Gilbert, d'autres érudits, refusant la théorie de Copernic, faisaient appel au magnétisme pour démontrer que la Terre se tenait immobile au centre du monde[60].

Ainsi, le jésuite Jacques Grandami (1588-1672), tenant du géocentrisme, pensait, comme Gilbert, que la Terre est un grand aimant, mais c'est justement dans l'existence de son magnétisme qu'il voyait la raison de l'immobilité de la Terre[61]. Grandami prouvait sa théorie, d'abord à l'aide d'arguments *a posteriori*, c'est-à-dire au moyen des effets du magnétisme terrestre, puis à l'aide d'arguments *a priori*, par la cause finale :

1. La finalité de la vertu magnétique est le bien et le calme de la Terre.

2. La gravité ne suffit pas à assurer une immobilité parfaite à la Terre.

3. La gravité et la qualité magnétique ensemble sont nécessaires au calme et à la situation convenable de la Terre.

4. Le ciel s'accommode à la Terre et non la Terre au ciel.

Les illustrations du livre montrent de petits angelots effectuant les nombreuses expériences sur les aimants que décrit Grandami (**Fig. 4**).

L'idée que la Terre était un grand aimant ne rencontra pas non plus une adhésion universelle. Le jésuite ferrarais Niccolò Cabeo (1586-1650) pensait, lui aussi, que la Terre était immobile[62], mais il ne croyait pas qu'elle fût un grand aimant ; il justifiait son opinion en remarquant que, si même un petit aimant attire le fer, combien plus forte devrait être l'attraction de la masse énorme de la Terre : il serait impossible de tenir à la main un morceau de fer, qui se précipiterait vers le sol.

Athanasius Kircher[63] proclama : « *Tellus non est magnus magnes* ». Il remarque d'abord que c'est une chose que d'être un corps doué de la qualité magnétique, et que c'en est une autre que d'être réellement un aimant ; on ne peut prétendre que le fer, les briques cuites au feu et autres roches argileuses

Fig. 4. Des angelots effectuent des expériences avec des aiguilles aimantées et des aimants sphériques (Grandami, *Nova demonstratio immobilitatis terræ petita ex virtute magnetica*, 1645).

soient des aimants. Qui donc a jamais vu du fer attirer du fer, une brique des briques, un schiste des schistes, avant qu'un aimant ne leur ait communiqué sa vertu magnétique ? La Terre est donc magnétique, mais n'est pas un aimant. Allant plus loin que Cabeo, il calcula, en se fondant sur le rapport des volumes, que si un aimant de deux palmes[64] attire une livre de fer, la Terre, si elle était un aimant, attirerait 307 363 146 848 000 millions livres de fer. Malheur donc, dit-il, aux ustensiles de cuisine de Gilbert, qu'on ne pourrait plus arracher de la Terre !

Ce raisonnement, à première vue séduisant, n'est pas correct. En effet, un morceau de fer, qui s'aimante par influence auprès d'un aimant, se précipite vers un des pôles de cet aimant, car il a développé un pôle de nom contraire. Ces pôles sont suffisamment rapprochés pour que leur attraction l'emporte sur la répulsion des pôles de même nom, éloignés, de l'aimant et du fer. De plus, comme le montraient déjà les expériences de Norman, une aiguille aimantée n'est pas attirée par la Terre, dont le champ magnétique peut être considéré comme uniforme à l'échelle de l'aiguille ; celle-ci ne se déplace vers aucun point, mais, soumise à un couple, tourne seulement pour s'aligner suivant la force magnétique. De toute façon, l'aimantation induite des objets en fer est trop faible pour leur permettre, dans la pratique, de s'orienter dans le champ terrestre. On ne peut donc pas conclure du fait que la Terre n'attire pas violemment le fer qu'elle ne peut être un grand aimant.

Chapitre 4

L'aiguille aimantée et le secret des longitudes

Le secret des longitudes

Pour connaître la position d'un navire en mer, il suffit, en principe, de déterminer sa latitude et sa longitude. Or, s'il était relativement facile de trouver la latitude avec une précision suffisante, en mesurant, à midi, la hauteur du Soleil dont des tables donnent la déclinaison[1], il était infiniment plus difficile de déterminer la longitude, c'est-à-dire la distance, en degrés, vers l'ouest ou vers l'est, à un méridien pris comme origine.

Un exemple remarquable des conséquences dramatiques de l'ignorance de la longitude est celui de la mésaventure de l'explorateur René Cavelier de La Salle (1643-1687). Le 9 avril 1682, il avait pris possession, au nom du roi, de la région allant du Canada au golfe du Mexique, qu'il avait appelée Louisiane, en l'honneur de Louis XIV. Puis, il avait remonté le fleuve Mississipi et était finalement revenu en France en passant par le Canada. En 1684, La Salle retourna dans le golfe du Mexique avec un corps expéditionnaire pour y installer une présence militaire et fonder une colonie. Il accosta dans la baie de Matagorda, près de la ville actuelle de Corpus Christi, au Texas, pensant qu'il était tout près du delta du Mississippi, alors qu'il en était éloigné de près de mille kilomètres à l'ouest. Cette erreur d'atterrissage entraîna l'échec de l'expédition. Pendant deux ans, errant dans un pays hostile, La Salle essaya sans succès de retrouver le Mississippi, et fut finalement massacré par ses hommes mutinés.

Il faut aussi mentionner un naufrage qui émut fort l'Amirauté britannique et fut à l'origine d'une décision du Parlement de créer un prix substantiel destiné à récompenser les inventeurs d'une méthode fiable pour déterminer la longitude : le 22 octobre 1707, devant les îles Sorlingues, trois vaisseaux de la flotte anglaise, l'*Eagle*, le *Romney* et l'*Association*, trompés par l'estime et déportés par un fort courant, furent drossés sur les écueils et sombrèrent.

Par son importance commerciale et militaire, la question des longitudes resta peut-être le problème de science appliquée le plus important jusqu'à la fin du XVIIIe siècle[2]. Comme l'écrivait, en 1768, François-César Le Tellier, marquis de Courtanvaux (1718-1781), membre de l'Académie des sciences : « Connaître tous les jours sur mer le lieu précis où l'on est, éviter dans cette estime des erreurs qui s'accumulent quelquefois jusqu'à cent lieues et au-delà, ne plus risquer d'échouer dans l'obscurité de la nuit contre des terres dont on se croit encore fort éloigné [...] ; tels sont les fruits qu'on aurait lieu d'attendre d'une méthode à l'aide de laquelle on pourrait déterminer les Longitudes sur mer. Faut-il donc s'étonner si depuis que les Européens ont commencé à entreprendre des voyages maritimes de long cours un nombre presqu'infini de Mathématiciens célèbres ont consacré leurs veilles à la recherche de ce précieux secret, aussi difficile peut-être à découvrir, mais tout autrement essentiel, que les célèbres problèmes de la quadrature du cercle, de la duplication du cube et de la trisection de l'angle[3]. »

En effet, incités par la gloire de découvrir le « secret des longitudes » et, sans doute aussi, par les récompenses promises par les gouvernements (en particulier anglais et français), navigateurs, savants… et charlatans rivalisèrent d'ingéniosité pour proposer des solutions.

La plupart des méthodes pour trouver la longitude reposent sur le fait que, la Terre tournant sur elle-même de 360° en 24 heures, une heure correspond à une différence de longitude de 15°. La longitude est donc donnée par la différence d'heure entre le méridien local et le méridien origine. L'observation du Soleil donnait l'heure locale, mais le problème était de connaître l'heure au méridien origine. Les horloges à balancier étant trop affectées par les mouvements des navires, il fallut attendre que les horlogers John Harrison (1693-1776) en Angleterre, ainsi que Pierre Le Roy (1717-1785) et Ferdinand Berthoud (1729-1807) en France, construisissent des chronomètres qui ne perdaient que quelques secondes après des voyages au long cours, pour que l'on puisse commencer à utiliser la méthode de transport d'horloges gardant le temps du méridien origine.

On avait donc auparavant recours à des méthodes fondées sur l'observation d'un phénomène astronomique visible simultanément dans des endroits éloignés du globe ; la longitude était égale à la différence entre l'heure locale d'observation du phénomène et l'heure d'observation à Paris ou à Londres calculée d'avance et donnée par des tables. Mais certains de ces phénomènes étaient soit trop peu fréquents (éclipses de Lune), soit trop difficiles à observer en mer (éclipses et occultations des satellites de Jupiter). La méthode la plus utilisée était donc l'observation de la position de la Lune dans le champ des étoiles, qui ne dépend pas du méridien d'où on l'observe ; mais pour obtenir une précision acceptable sur la longitude, il fallait avoir d'excellentes tables de la position des étoiles et du mouvement de la Lune. C'est pour les obtenir que furent créés les Observatoires de Paris (1667) et de Greenwich (1675).

Dans le livre consacré à la vie de son ami astronome Fabri de Peiresc, le savant Pierre Gassendi (1592-1655), chanoine de Digne, rapporte que Peiresc, après avoir étudié les routes suivies par les navigateurs en Méditerranée orientale, se rendit compte de « l'erreur dont souffraient toutes les cartes hydrographiques, leurs fabricants supposant que les régions orientales étaient beaucoup plus distantes de nous qu'elles ne le sont en réalité, comme nous l'avons noté à l'occasion de la dernière éclipse. [...] Sur les 2 700 milliaires que l'on compte ordinairement entre Marseille et Alexandrie, 500 pour le moins pouvaient être défalqués[4]. »

En effet, à l'occasion de l'éclipse de Lune du 27 août 1635, Peiresc et Gassendi avaient organisé le premier réseau moderne d'observations astronomiques simultanées pour déterminer les longitudes. Des observateurs au Caire, à Alep, en Syrie, à Carthage, à Malte, à Rome (le P. Kircher), à Padoue, à Venise, à Naples, à Digne (Gassendi) à Aix, à Marseille (Peiresc) et au Québec avaient déterminé l'heure locale du début de l'éclipse, ce qui permit d'en déduire la différence des longitudes. Le résultat fut spectaculaire, la Méditerranée avait 1 000 km de moins que sur la carte de Ptolémée : 42° de longitude au lieu de 61° 30′[5].

La longitude par la déclinaison magnétique

Jusqu'à la fin du XVIIIe siècle, des savants (et non des moindres) firent état d'une méthode concurrente de celle des distances lunaires, qui reposait sur l'observation de la déclinaison magnétique[6]. Ainsi, le grand mathématicien et physicien suisse Leonhard Euler (1707-1783) écrit-il : « Peut-être même un jour [cette méthode] nous fournira-t-elle encore le plus sûr moyen de trouver les longitudes ; quoiqu'à l'heure qu'il est, nous en soyons encore fort éloignés. Cette méthode n'est pas tirée du ciel, elle est uniquement attachée à la terre, étant fondée sur la nature de l'aimant & de la boussole [...] cette méthode seroit presque la plus commode de toutes celles que j'ai eu l'honneur d'expliquer ; pourvû que nous eussions de telles cartes comme je viens de supposer. Mais c'est précisément ce qui nous manque[7]. »

On a longtemps attribué à Christophe Colomb la découverte de la déclinaison magnétique et de sa variation avec la longitude, lors de son premier voyage en 1492. Un examen approfondi de tous les textes existants a permis à Crichton Mitchell de prouver qu'il n'en n'était rien et que l'on connaissait déjà l'existence de la déclinaison avant 1492, sans toutefois qu'il soit possible d'attribuer cette découverte à quelqu'un en particulier[8].

Le navigateur portugais João de Lisboa, qui découvrit le rio de la Plata en 1514, publia, la même année, son *Tratado da agulha de marear*[9]. Il consiste en dix très courts chapitres, en appendice à son ouvrage sur la navigation *Livro de marinharia*, qui débutent par cette introduction : « Ici commence le traité de l'aiguille de navigation, trouvé par João de Lisboa en l'an 1514, par lequel on peut savoir, en quelque endroit que l'on se trouve, de combien on est éloigné du méridien vrai, au moyen de la variation des aiguilles. » Au chapitre 7, João explique que la ligne de déclinaison nulle passe par les Canaries, les îles du Cap-Vert et entre le cap de Bonne-Espérance et le cap Frio (dans le nord de la Namibie). Il ajoute : « Sur ce méridien, je trouvais les aiguilles toujours fixes vers le pôle du monde, mais aussitôt que je m'en éloignais, les aiguilles prenaient de la déclinaison. » Au chapitre 10, il est dit que la distance à laquelle on se trouve du méridien de déclinaison nulle (le « méridien vrai ») peut être connue par la règle qu'une variation d'un quart[10] de la déclinaison, entre 30° et 45° de latitude, correspond à 250 lieues[11]. À la fin du chapitre 6, João de Lisboa avait donné une table de la valeur du quart de déclinaison depuis l'équateur (350 lieues) jusqu'à 65° de latitude (146 lieues). Avec cette règle, João trouvait que Lisbonne était éloignée de 62,5 lieues des Açores, alors que les pilotes l'estimaient à 250 lieues[12] !

En 1597, Giambattista Della Porta intitula le chapitre 38 du livre VII de sa *Magia naturalis* : « Comment il est possible de rechercher la longitude du monde à l'aide de l'aimant[13]. » Il remarque que l'aiguille aimantée a diverses déclinaisons en différents endroits. « Mais cette erreur semble suivre un ordre, à savoir que plus l'aiguille est près de l'est, plus elle décline de la ligne méridienne vers l'est. Et plus elle s'approche de l'ouest, plus la pointe de l'aiguille décline davantage vers l'ouest.» Della Porta proposait de mesurer la déclinaison à l'aide d'un très grand compas, d'environ dix pieds (trois mètres) de diamètre, gradué en degrés, minutes et secondes.

William Gilbert n'y croyait pas. Le chapitre 9 du livre IV de son *De magnete* est intitulé «Si la longitude terrestre peut être trouvée par la variation[14]». Bien qu'admettant que cela serait fort utile aux marins, il assure que «Porta est trompé par un vain espoir et par une théorie sans fondement. [...] Car il croit que plus on est à l'est, plus l'aiguille déviera vers l'est, et suivant que l'on s'avance vers l'ouest, elle se dirige vers l'ouest. Tout cela est aussi faux qu'il se puisse.»

Le P. Kircher cite le jésuite Cristoforo Burro (1583-1632) qui avait tracé sur une carte géographique des lignes d'égale déclinaison, qu'il appelait *tractus chalyboclitícos*[15], au moyen desquelles on pouvait déterminer la distance à un méridien donné[16].

Guillaume Le Nautonier

Le pasteur calviniste et astronome Guillaume Le Nautonier (1557-1620), sieur de Castel-Franc en Languedoc, proposa lui aussi d'utiliser la déclinaison magnétique pour déterminer la longitude en mer. Ce personnage méconnu[17] est fort intéressant et mérite qu'on s'attarde un peu sur son œuvre. Docteur en théologie de l'université de Lausanne, il était aussi géographe royal et astronome. Il construisit, en 1609, dans son domaine de Castel-Franc, sur la commune de Montredon (Tarn), le premier observatoire astronomique en France, encore visible de nos jours. En 1603, donc peu après la parution du *De magnete* de Gilbert, il publia un ouvrage intitulé *Mécométrie de l'eymant c'est-à-dire la manière de mesurer les longitudes par le moyen de l'eymant. Œuvre nécessaire aux Admiraux, Cosmographes, Astrologues,*

Géographes, Pilotes, Géomètres, Ingénieurs, Mestres de Mines, Architectes & Quadraniers[18]. Ce livre fut traduit en latin et en plusieurs langues européennes, mais tomba assez rapidement dans l'oubli.

On attribue, sans partage, à Gilbert la découverte que la Terre est un grand aimant, découverte qu'il exposa dans son *De magnete*, publié en 1600. C'est, de toute évidence, excessif. En effet, la *Mécométrie de l'eymant* de Le Nautonier reçut le privilège du Roi en 1601. Étant donné qu'il s'agit d'un ouvrage épais de 350 pages de texte et de 200 pages de tables qui ont nécessité de longs calculs, il est presque certain que Le Nautonier en a réalisé l'essentiel avant 1600. Comme il y dit, on ne peut plus nettement, que le pouvoir de l'aimant de s'orienter lui vient de la Terre, que tout son livre prouve qu'il voit la force magnétique dans le voisinage de la Terre comme due à un aimant géocentrique, il faut bien en conclure que l'idée que la Terre est une sphère magnétique lui est venue indépendamment de Gilbert. Mais l'histoire l'a oublié.

Cependant, les théories des deux savants se heurtèrent et la polémique fit quelque bruit dans les premières décennies du XVIIe siècle. En voici la raison fondamentale : à cause de ses ambitions cosmologiques, Gilbert voulait que la direction d'aimantation de sa sphère fût alignée avec l'axe de rotation de la Terre. Toute sa théorie reposait sur cette hypothèse. Gilbert savait bien que l'aiguille aimantée ne se dirigeait pas en tout point vers le nord géographique, mais il ne voulait y voir que des accidents, des écarts locaux irrégulièrement distribués, imputables au relief de la surface terrestre.

L'objectif de Le Nautonier était tout autre. Il voulait faire œuvre utile aux navigateurs, en fournissant une solution au grand problème des longitudes. C'est pourquoi, après avoir écrit son livre en latin, il le publia en français, ce qui nuisit sans doute à sa publicité dans le monde savant. Le Nautonier ne pouvait se satisfaire d'une distribution de la force magnétique présentant la symétrie de révolution autour de l'axe du monde, à de petites perturbations près, comme le voyait Gilbert ; il lui fallait une force magnétique, celle qui dirige la boussole, qui dépendît de la longitude.

Pour lui, la force magnétique était identique à celle produite par une sphère uniformément aimantée dont l'axe serait incliné d'un angle de 23° sur l'axe de rotation de la Terre, dans le méridien géographique de l'île de Fer, la plus occidentale des Canaries, pris comme premier méridien. Il fixa ainsi ce qu'on appellera, 240 ans plus tard, les pôles de Gauss, ou pôles géomagnétiques. En cela, Le Nautonier fut un précurseur[19] et il avait, d'une certaine manière, raison contre Gilbert : le champ magnétique terrestre est plus proche, aujourd'hui comme en 1600, du champ d'un dipôle incliné que de celui d'un dipôle axial. Et avant qu'on ait découvert la déformation des lignes de force du champ magnétique terrestre par la pression du vent solaire, vers le milieu du XXe siècle, le champ du dipôle de Gauss, incliné aujourd'hui de 11,5° sur l'axe de rotation, était considéré comme le champ cosmique de la Terre. Malheureusement, les pôles géomagnétiques de Le Nautonier étaient mal situés, en raison, non pas tellement de sa méthode pour les déterminer, mais surtout de l'insuffisance et de la mauvaise qualité de ses données.

Pour trouver la localisation des pôles, Le Nautonier avait utilisé la valeur observée de la déclinaison en des lieux de coordonnées géographiques connues (5° 37′ 30″ à l'île de Sainte-Hélène ; 16° 52′ 15″ à Tristan da Cunha, dans l'Atlantique sud, et 9° à Canton, en Chine). Travaillant sur une sphère, il avait placé les pôles boréal et austral de l'aimant terrestre à l'intersection du méridien magnétique de Sainte-Hélène et des méridiens géographiques, demi-grands cercles de longitude 180° et 0°, le long desquels il pensait, d'après les données dont il disposait, que la déclinaison était nulle. Le méridien magnétique de Sainte-Hélène, demi-grand cercle, tangent à la direction de l'aiguille aimantée, était tracé par une construction géométrique (**Fig. 5**). La même construction à partir des coordonnées et de la déclinaison de Tristan da Cunha et de Canton lui avait donné exactement la même position pour les pôles : aux 67e degrés de latitude nord et sud. Il assurait que ces pôles demeuraient immobiles.

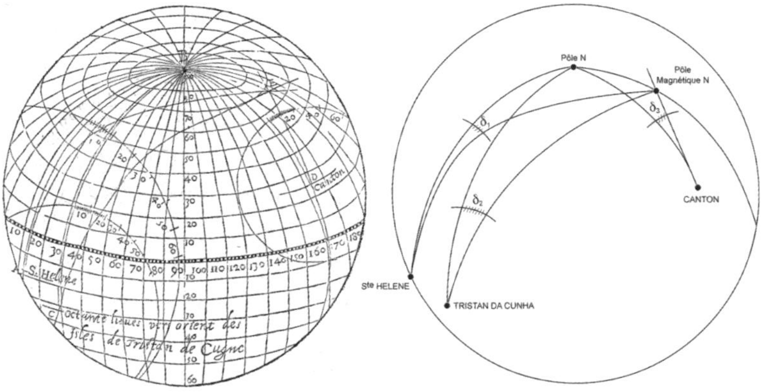

Fig. 5. Construction du pôle magnétique nord, à l'intersection du méridien magnétique de déclinaison nulle et des méridiens magnétiques de Sainte-Hélène, Tristan da Cunha et Canton, de déclinaisons δ_1, δ_2 et δ_3 (Le Nautonnier, *Mécométrie de l'eymant*, 1603).

D'après Le Nautonier, donc, l'axe des pôles magnétiques, à 23° des pôles géographiques, faisait presque le même angle avec l'axe de la Terre que l'axe des pôles de l'écliptique (23° 27′). Ce point ne lui avait pas échappé, mais il avait pris soin de récuser l'idée d'une relation : « Mais il me semble que j'oys quelques uns, qui discourent en cette manière : ces lieux que vous dites sont fort près de la latitude qu'on attribue aux cercles arctique et antarctique. Pourquoy donc ne constituez vous pas ces poles justement au dessoubz de ces cercles la ? Je désire que pour responce, telles gens sachent que j'ay apprins cet endroit des poles par les lignes de la déclinaison de l'eymant qui se fait en divers lieux de la terre & de la mer, en l'un & l'autre hémisphère, & deça & dela l'équinoctial, & qu'il ne faut pas estimer que les poles de l'eymant soyent mobiles comme sont ceux du zodiaque, ce qu'ils seroient s'ils étoient toujours d'accord avec eux[20]. »

Le Nautonnier critique nommément le pilote normand Toussaint de Bessard (?-1580[21]) : « Toussaincts de Bessard d'Auge en Normandie, escrivit, il y a environ 30 ans, que le pole de l'eymant estoit autant distant d'avec le pole du nord boréal, comme il y avait depuis le pole du Zodiaque jusques au pole arctique [...]. Il a dit que c'est l'endroit auquel le pole du Zodiaque estoit lorsque le monde fut créé et que l'impression de la vertu de direction du pole de l'eymant est venüe de là [...]. Mais d'où est-ce, je vous prie, qu'il pouvoit avoir apprins que le pole boréal du Zodiaque fu à l'endroit du pole de l'eymant au temps de la création ? Qui est-ce qui peut lui en avoir compté des nouvelles[22] ? »

Le Nautonier pensait avoir résolu le problème des longitudes et la *Mécométrie* se termine par une table à l'usage des marins, pour leur permettre de déterminer la longitude et la latitude à partir de mesures de la déclinaison et de l'inclinaison.

Le Nautonier fut violemment critiqué, pour de mauvaises et de bonnes raisons, par un certain Didier Dounot (1574-1640), juriste de Bar-le-Duc[23] et professeur de mathématiques, qui refusait l'existence des pôles magnétiques : « Car, dit-il, si on prouve au sieur de Castel-franc [...] que l'aiguille magnétique n'a aucun point certain vers lequel elle se dresse continuellement : l'aimant n'aura aucun pole certain : ou du moins qui puisse estre recognu tel[24]. »

Par ailleurs, Dounot affirmait : « Des suppositions infondées, des erreurs de calcul et la manipulation des données démontraient l'impudence, l'ignorance et la chicanerie de l'auteur » et reprochait à Le Nautonnier d'avoir choisi parmi les données celles qui s'accordaient avec ses hypothèses : « Quant au sieur de Castel-franc, il n'a point faict d'autre chois, sinon que à son jugement toutes les déclinaisons sont bonnes lesquelles conviennent avec ses tables : celles là sont toutes fausses, lesquelles y contreviennent, sans se soucier si elles sont certaines ou non. » La critique de Dounot est certes un peu violente, mais elle n'est pas dénuée de vraisemblance, car il faut bien reconnaître qu'il n'est pas croyable que la construction géométrique de Le Nautonier ait pu lui donner exactement la même position pour les pôles magnétiques, à partir des données, de qualité discutable, de la déclinaison en trois endroits différents du globe. Le Nautonier, convaincu de la justesse de sa théorie, avait sans aucun doute tiré les données dans le sens convenable. Mais il faut se souvenir que les valeurs de la déclinaison étaient, de notoriété publique, très imprécises et incohérentes et « l'interprète de la variation terrestre devait nécessairement faire un choix parmi une masse de données de provenances diverses. Il choisissait naturellement les données qui s'accordaient à ses intérêts théoriques[25] ».

En Angleterre, où dominaient les idées de Gilbert sur l'origine de la déclinaison, seul Anthony Linton (?-1610), recteur de l'église Saint Nicholas à Worth, dans le Sussex, publia, en 1609, un petit traité intitulé *News of the Complement of the Art of Navigation*[26], dans lequel il offrait « en 26 propositions, de découvrir, au moyen de l'aimant, le secret de perfectionner l'art de la navigation, et, en particulier de trouver les longitudes, qui, selon son projet, dépendent des pôles du globe magnétique. » Linton prétendait avoir inventé une méthode par laquelle « toute personne ayant quelque connaissance des mathématiques, pourrait par ses propres observations trouver exactement la longitude et la latitude de ces pôles[27] ». Ridley associa Le Nautonier et Linton dans son mépris : « Ces gens ont trouvé, au lieu de la longitude des endroits, une longitude de travaux sans profit[28]. »

Le savant P. Mersenne, en 1625, quoique sceptique, restait prudent : « Ce n'est pourtant pas que je veuille dire que la vraie raison des déclinaisons soit la différence des longitudes, car ceci n'est pas certain, ni connu, non plus que la proportion qui se trouve entre plusieurs déclinaisons diverses et entre les lieux différents où elles se font. [...] Mais les tables de la *Micométrie* que le Nautonnier a dressées pour toutes les parties du monde ne sont pas encore assez certaines pour s'y arrêter[29]. »

Les opposants jésuites à Le Nautonier : Grandami et Fournier

Le P. Grandami, lui, ne croyait pas du tout à la méthode de Le Nautonier pour déterminer la longitude : « Pour déclarer donc franchement mon sentiment, je ne pense pas que l'on puisse obtenir la connaissance parfaite des longitudes au moyen d'aucun corps magnétique, bien au contraire, je pense qu'il est démontré qu'on ne peut l'obtenir ; [...] l'aimant ne peut pas laisser voir à quel méridien du monde il se trouve ni de combien il est éloigné du premier méridien, ce en quoi consiste la science des longitudes[30]. »

Au chapitre intitulé *De la déclinaison ou variation de l'aymant*, de son ouvrage de près de mille pages sur la navigation[31], le P. Georges Fournier (1595-1652) critique, comme Dounot, les données de déclinaison utilisées par Le Nautonier : « De ces belles pensées, il prétend montrer par la Latitude de chaque lieu & la variation horizontale de l'Aymant, la Longitude de tout lieu donné. Il justifie son dire par quelques observations qu'il dit avoir fait en France, & plusieurs autres faites par de braves Pilotes qu'il cite. A quoy, quelques uns qui ont passé leur vie sur Mer[32] lui répondent qu'il n'a entendu ou n'a fidèlement suivi le témoignage. »

Au chapitre suivant, Fournier préconisait la meilleure solution, qui n'allait être rendue possible que cent ans plus tard : « D'où finalement je conclus que si on donne ordre de perfectionner les Horloges, & que l'on veuille prendre la peine de s'en bien servir, il n'y a aucune practique qui luy soit comparable. »

Les jésuites étaient très impliqués dans l'enseignement de l'hydrographie. Malgré plusieurs critiques, comme celles des P. Grandami et Fournier, la méthode de détermination de la longitude par la variation du compas resta présente dans leurs manuels d'hydrographie jusqu'au XVIIIe siècle[33].

Henry Gellibrand

Les lignes d'égale déclinaison magnétique (isogones) ne sont pas des lignes géométriques simples et, de plus, la déclinaison en un lieu varie dans le temps (variation séculaire), comme le montra, en 1634, Henry Gellibrand (1597-1637), professeur d'astronomie au Gresham College à Londres[34]. Jusqu'à présent, écrit-il, on supposait, avec Gilbert, que la déclinaison restait constante en chaque lieu, et on ne mettait pas en doute cette assertion, mais des observations magnétiques très soigneuses ont prouvé le contraire, « à savoir que la variation est accompagnée d'une variation[35] ». Gellibrand cite les mesures de la déclinaison à Londres : 11° 15′ pour Barrows (*sic*[36]) en 1580, 6° 13′ pour Gunter[37] en 1622, et enfin moins de 4° pour lui-même en 1634. Stephen Pumfrey a analysé en détail les raisons sociologiques qui ont amené les savants à finalement accepter que la diminution, au cours du temps, des valeurs de la déclinaison en un même lieu (qui allait à l'encontre du credo gilbertien), n'était pas due à des erreurs de mesure, mais constituait un phénomène réel nouveau, que l'on appellera plus tard « variation séculaire »[38].

Dans un *Appendix touching Longitude*, à la fin du récit par le capitaine Thomas James de son voyage à la découverte du passage du Nord-Ouest[39] imprimé en 1633, Gellibrand élimina, comme totalement sans fondement, l'idée que l'on puisse déterminer la longitude par la déclinaison de l'aiguille aimantée.

John Churchman

Pour en terminer avec le problème de la détermination de la longitude par la déclinaison magnétique, avançons de 250 ans. En 1789, le premier Congrès des États-Unis, après avoir élu George Washington président, n'eut rien de plus pressé que d'examiner la pétition d'un arpenteur de Philadelphie, John Churchman (1753-1805). Il demandait les droits exclusifs pour sa méthode de détermination des longitudes et pour la vente des cartes, tables et sphères y afférentes, ainsi que des subsides pour effectuer un voyage dans la baie de Baffin afin de déterminer les causes de la déclinaison. Churchman avait le soutien du futur président Thomas Jefferson (1743-1826) qui, dans une lettre du 8 août 1787, lui écrivait de Paris où il était ambassadeur des États-Unis : « Je serai heureux que mon pays puisse avoir l'honneur de fournir au vieux monde ce qu'il a si longtemps cherché en vain[40]. » Le Congrès accorda le copyright, mais ne finança pas l'expédition à la baie de Baffin. Dans une recension de l'ouvrage *The Magnetic Atlas* de John Churchman, publié à Londres en 1794, l'astronome Jérôme Lalande (1732-1807) écrivait : « Dès 1787, l'auteur de cet ouvrage, habitant de l'Amérique, donna ses idées sur la manière de trouver les longitudes par la déclinaison de l'aiguille aimantée, et il n'a cessé de rassembler des observations pour compléter son travail[41]. »

En fait, si l'on avait disposé de bonnes cartes de la déclinaison, le problème de la longitude eût été résolu (à la précision dont on pouvait rêver) sur une bonne partie de la surface du globe. C'était, on l'a vu, l'opinion d'Euler, pour qui la méthode magnétique était la meilleure dans son principe. De telles cartes existent aujourd'hui, mais la question du positionnement est réglée depuis longtemps.

Les marins n'ont donc jamais vraiment utilisé la déclinaison et l'inclinaison pour déterminer leur position à la mer, mais il reste que, pour tenir la route du navire, il est nécessaire de connaître la déclinaison afin de corriger le cap indiqué par le compas. À partir de la fin du XVIIe siècle, navigateurs et explorateurs ont souvent mesuré la déclinaison et l'inclinaison, certes parce qu'elles étaient utiles aux marins et aux géographes, mais aussi dans le but de mieux connaître le magnétisme terrestre[42].

Edmond Halley

L'astronome Edmond Halley (1656-1742) est connu du public pour avoir prédit, pour 1758, le retour de la comète de 1682 à laquelle on donna son nom. Mais il est aussi bien connu des géomagnéticiens[43] pour avoir effectué, entre 1698 et 1701, trois campagnes de mesures magnétiques à bord du *Paramore,* et produit la première carte détaillée de la déclinaison dans l'océan Atlantique, ainsi que pour avoir donné une explication ingénieuse de la variation séculaire.

En 1683, Halley avait publié un mémoire, proposant une « Théorie de la variation [déclinaison] du compas magnétique[44] ». Il commençait par critiquer la théorie de Gilbert, qui supposait que « la Terre étant magnétique dans toutes ses parties, et l'eau ne l'étant pas, l'aiguille doit se tourner vers la terre, où qu'elle soit, à cause de sa plus grande quantité de matière magnétique », mais, remarquait Halley, « ce n'est pas vrai dans de nombreux cas, et plus remarquablement sur la côte du Brésil, où l'aiguille est si loin d'être attirée par la terre qu'elle s'écarte du méridien et gît N. par E., ce qui est juste parallèle à la côte[45]. » Halley donnait ensuite des exemples de cas montrant que la théorie de Descartes, voyant la cause de la déclinaison dans le fer et l'aimant cachés dans les entrailles de la Terre et au fond des océans, n'était pas davantage viable. Puis il proposait sa théorie : « Le globe entier de la Terre est un grand aimant, qui a quatre pôles magnétiques, ou points d'attraction, deux près de chaque pôle de l'équateur ; et dans les endroits du monde qui avoisinent l'un de ces pôles, l'aiguille est gouvernée par celui-ci, le pôle le plus rapproché étant toujours prédominant sur le plus éloigné. » L'un des pôles, près du méridien de Land's End, en Angleterre, situé à moins de 7° du pôle Nord, « gouverne » la déclinaison dans toute l'Europe, la Tartarie et la mer du Nord ; l'autre pôle boréal, sur un méridien passant par le milieu de la Californie, et éloigné d'environ 15° du pôle Nord, gouverne toute l'Amérique du Nord, l'Atlantique à l'ouest des Açores, et le Pacifique jusqu'au Japon. Quant aux deux pôles magnétiques austraux, l'un, à 16° du pôle Sud sur le méridien de longitude 95° O (par rapport au méridien de Londres), gouverne toute l'Amérique du Sud et l'océan Pacifique ; enfin, le dernier, le plus puissant, situé à un peu moins de 20° du pôle Sud, sur le méridien qui passe par l'Australie et les Célèbes, gouverne l'Afrique du Sud, l'Arabie, la Perse, l'Inde et l'océan Indien.

Dans un article publié une dizaine d'années plus tard[46], Halley revint sur l'existence des quatre pôles magnétiques. Il avoua que, bien que sa théorie eût été favorablement reçue aussi bien en Angleterre qu'à l'étranger, et qu'elle rendît assez bien compte des variations de la déclinaison, elle souffrait de deux difficultés qu'il n'était pas aisé de résoudre. « L'une, dit-il, est que je n'ai jamais vu ni entendu parler d'un aimant qui ait plus de deux pôles opposés, alors que la Terre en a manifestement quatre, et peut-être davantage, et, deuxièmement, qu'il était clair que ces pôles n'étaient pas fixes sur la Terre, et changeaient de place, comme il apparaît par les grands changements dans la direction de l'aiguille, au cours du dernier siècle, non seulement à Londres (où cette grande découverte a été faite) mais encore presque partout sur le globe de la Terre, alors qu'on n'a pas observé que les pôles d'un aimant aient jamais changé de place dans la pierre. » Ces difficultés avaient fort déprimé Halley, qui avait abandonné ses tentatives. Lorsqu'un jour, par hasard, il tomba sur la solution, qu'il exposa en prenant quelques précautions oratoires : « Si, dans la présentation de cette hypothèse, je semble avancer quelque chose qui apparaît extravagant ou romantique, le lecteur est prié de suspendre sa censure, jusqu'à ce qu'il ait considéré la force et le nombre des arguments qui concourent à rendre valide une supposition si nouvelle et si hardie. »

La supposition était en effet hardie ! Il s'agissait de considérer que les parties externes de la Terre forment une coquille à l'intérieur de laquelle se trouve un noyau (*nucleus*), globe concentrique séparé par du fluide de la coquille externe et tournant, comme celle-ci, autour de l'axe géographique en 24 heures environ. La coquille et le noyau sont magnétiques et ont chacun deux pôles (considérés ci-dessus), dont la variation dans le temps peut-être expliquée par le fait que la coquille peut tourner un peu plus vite ou un peu moins vite que le noyau.

Mais Halley alla encore plus loin : il envisagea à l'intérieur de la Terre, et séparés par du fluide, deux coquilles magnétiques du rayon de Vénus et de Mars et, au centre, un dernier globe, magnétique lui aussi, du rayon de Mercure. « Et, ajoute-t-il, alors que je me suis aventuré à rendre habités ces globes souterrains, je l'ai fait à dessein pour répondre à ceux qui demandent *cui bono*, et pour lesquels les arguments tirés des *causes finales* ont du poids. »

Halley, qui avait mesuré la déclinaison dans l'Atlantique, avait donc aussi donné une explication à ce que l'on appela la *dérive vers l'ouest*. On a, en effet, longtemps pensé – et ce jusque vers 1980 – que l'un des traits principaux de l'évolution de la figure du champ géomagnétique était une lente rotation d'ensemble autour de l'axe des pôles, au taux d'environ 0,2° de longitude par an, vers l'ouest. Cette dérive vers l'ouest s'observe sans doute en certains lieux du globe, mais elle n'a pas de caractère planétaire.

En 1726, le physicien hollandais Pieter van Musschenbroek (1692-1761), écrivit, dans ses *Elementa physica*, traduits en français en 1751[47] : « Il serait fort à souhaiter pour l'avantage de la Navigation, que l'on pût faire une Boussole qui ne déclinât pas : ceux-là sont tout à fait dignes de louange, qui employent leur temps à cette recherche ; et quoiqu'ils ne parviennent pas au but qu'ils se proposent, ils ne laisseront pourtant pas, en faisant de nouvelles expériences, d'enrichir cette Science, & ils mériteront par là que leur nom soit consacré à l'immortalité.

Ce serait ici le lieu de dire et de faire voir, quelle est la cause de la variation de l'aiguille de la Boussole ? Pourquoi elle ne décline pas du véritable Méridien dans plusieurs endroits de notre Globe, tandis qu'elle décline ailleurs vers l'Occident, & dans d'autres endroits vers l'Orient ? La déclinaison, qui étoit autrefois en Hollande à l'Orient, & qui depuis l'année 1663 a commencé d'être à l'Occident, continuera-t-elle de s'avancer vers l'Occident, ou reprendra-t-elle la route de l'Orient ? Combien de temps faudra-t-il pour cela ? Je vous avoue franchement, que je ne sçaurois répondre à aucune de toutes ces demandes, quoique j'aye pris beaucoup de peine & employé bien du temps à examiner avec soin toutes choses, à faire des expériences, à marquer les découvertes que j'avois faites moi-même aussi bien que celles des autres, & enfin à les comparer toutes ensemble : je rencontre partout des difficultés, ne trouvant rien qui soit bien démontré ou qui me satisfasse ; on devra encore faire auparavant pendant quelques Siècles d'exactes Observations, après lesquelles tout se développera peut-être alors comme de soi-même. »

Un demi-siècle plus tard, le naturaliste Alexandre de Humboldt (1769-1859) fit de nombreuses mesures magnétiques lors de son voyage d'exploration de l'Amérique centrale et de l'Amérique du Sud (1799-1804) avec le botaniste Aimé Bonpland (1773-1858). À son retour en Europe, il publia, avec le physicien Jean-Baptiste Biot (1774-1862), une note intitulée *Sur les variations du magnétisme terrestre à différentes latitudes* qui fut lue à l'Institut le 17 décembre 1804. Dans ce travail, Biot montra que les valeurs de l'inclinaison mesurées à différentes latitudes étaient en bon accord avec les valeurs calculées en faisant l'hypothèse qu'un petit aimant est situé au centre de la Terre (voir p. 152).

Chapitre 5

La quête des explications : les premières théories du magnétisme

C'est seulement à partir du XVIIe siècle que les « philosophes » cherchèrent aux propriétés de l'aimant des explications plus scientifiques que la « forme substantielle » ou la sympathie.

René Descartes

René Descartes (1596-1650) croyait, comme Gilbert, que « toute la masse de la terre est un aiman ». En 1644, il expliqua les propriétés de l'aimant en faisant appel à des « parties canelées » du « premier élément », le plus subtil, dont le Soleil et les étoiles possèdent la « forme ». Il concevait ces parties « ainsi que de petites colonnes canelées, à trois rayes ou canaux, & tournées comme la coquille d'un limaçon [...] [**Fig. 6**]. Il est manifeste que celles qui viennent du pôle Austral, doivent être tournées en coquille, en autre sens que celles qui viennent du Septentrional. Et cette propriété me semble fort remarquable, à cause que c'est principalement d'elle que dépendent les forces de l'aimant. » Les « parties canelées » de l'élément subtil pénètrent dans les pores de l'aimant. Toutefois, elles « peuvent bien entrer par un côté dans les pores qui sont propres à les recevoir, mais elles ne peuvent pas retourner par l'autre côté des mêmes pores, à cause qu'il y a certains petits poils ou certaines branches très déliées qui avancent tellement dans les replis de ces conduits, qu'elles n'empêchent aucunement le cours des parties canelées, quand elles y viennent par le côté qu'elles ont coutume d'y entrer, mais qui se rebroussent & redressent quelque peu leurs extrémités, lors que ces parties canelées se présentent pour y entrer par l'autre côté, & ainsi leur bouchent le passage[1]. » Une figure montre le « spectre magnétique » de la limaille de fer figuré par des « parties canelées ».

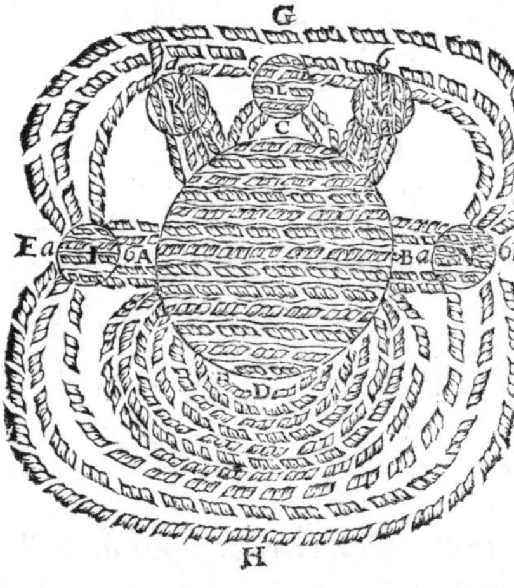

Fig. 6. Les « parties canelées » sortent d'un pôle et rentrent par l'autre et suivent ce que l'on appellera les « lignes de force » du champ magnétique (Descartes, *Les principes de la philosophie*, 1644).

Grâce aux « parties canelées » et aux pores poilus, Descartes parvient à rendre compte de toutes les propriétés de l'aimant et remarque : « Et toutes ces choses suivent si clairement des principes qui ont été cy-dessus exposez, que je ne laisserois pas de juger qu'elles sont telles que je viens de le dire, encore que je n'aurois aucun égard aux proprietez qui en peuvent être déduites : mais j'espère maintenant faire voir que toutes celles de ces proprietez que les plus curieuses expériences des admirateurs de l'ayman ont pu découvrir jusques à présent, peuvent si facilement être expliquées par leur moyen, que cela seul suffiroit pour persuader qu'elles sont vrayes, encore qu'elles n'auroient point été déduites des premiers principes de la nature. »

Nombre de traités et mémoires expliquant les propriétés de l'aimant furent écrits sur la base des idées de Descartes. Citons, par exemple, en 1687, le *Traitté de l'Aiman, divisé en deux parties. La première contient les Expériences, & la seconde les raisons que l'on en peut rendre*[2] de Joachim d'Alencé (1640-1707), astronome qui publia les six premiers tomes de la *Connaissance des temps*, entre 1679 et 1684.

Les premières tentatives de détermination de la loi de variation de la force magnétique avec la distance

Les savants ont, bien sûr, tenté assez tôt de mesurer la force magnétique et sa variation avec la distance, mais encore fallait-il s'entendre sur la définition de cette force et la façon de la mesurer. Était-ce la force d'attraction entre un aimant et un morceau de fer, ou bien entre deux aimants, ou bien encore celle qui faisait écarter une aiguille aimantée du méridien magnétique ?

On sait maintenant que la force d'attraction, ou de répulsion, entre des masses magnétiques isolées varie comme l'inverse du carré de leur distance. Mais un petit aimant, c'est-à-dire un dipôle, exerce sur une masse magnétique une force qui varie comme l'inverse du cube de leur distance, et la force d'attraction entre deux aimants courts (deux dipôles) varie comme l'inverse de la puissance quatrième de leur distance.

Or, les premiers investigateurs adoptaient des dispositifs expérimentaux qui devaient normalement les conduire à trouver des lois différentes, ou même pas de loi du tout… et ce fut bien ce qui arriva.

En 1666, le physicien anglais Robert Hooke (1635-1703) détermina la charge à placer sur le plateau d'une balance pour équilibrer l'attraction d'un aimant sur un morceau de fer placé sur l'autre plateau, à des distances comprises entre 6 pouces et 1/8 de pouce[3]. Il n'en tira aucune loi.

Dans la deuxième édition (1713) des *Principia*, Newton nota que le pouvoir du magnétisme « décroît, en s'éloignant de l'aimant, non comme le carré, mais presque comme le cube de la distance, pour autant que j'en puisse juger d'après quelques observations grossières ». En 1712, à la demande de Newton, alors président de la Royal Society, le mathématicien Brook Taylor (1685-1731) et le physicien Francis Hauksbee (v. 1666-1713) entreprirent de mesurer la force magnétique en fonction de la distance.

Hauksbee et Taylor, ensemble[4], utilisèrent le grand aimant de la Royal Society, qui pesait 60 livres et « pouvait agir sur une aiguille à la distance de 9 pieds ». Ils mesurèrent la déviation du méridien magnétique d'une aiguille aimantée en fonction de la distance (entre 1 et 9 pieds) au pôle voisin de l'aimant. Ils donnèrent une table des résultats, mais n'en tirèrent pas de loi. Taylor, seul, mesura l'action du même grand aimant sur une aiguille[5]. Il trouva que, « à la distance de 9 pieds, le pouvoir change plus vite que le cube de la distance, alors qu'aux distances d'un et deux pieds, le pouvoir change presque comme le carré des distances. »

En 1729, Musschenbroek, qui fut aussi, en 1745, l'inventeur du premier condensateur électrique, la *bouteille de Leyde*, décrivit 146 expériences[6]. Dans la première de celles-ci, effectuée en 1725, dont les résultats furent communiqués à la Royal Society[7], il mesurait la force (attractive ou répulsive) entre deux aimants en fonction de la distance. À l'extrémité du fléau d'une balance très sensible était suspendu, par une longue cordelette, « un aimant sphérique, que les philosophes appellent terrella » de 1,5 pouce de diamètre (environ 4 cm) qu'il approchait d'une boule fixe d'aimant de 6,5 pouces de diamètre (environ 16 cm). La force attractive était équilibrée par des poids sur le plateau suspendu à l'autre extrémité du fléau. « Il apparaît, dit-il, à l'examen des expériences, que les forces attractives ne sont pas en raison inverse des distances, mais en plus petite raison[8]. » (**Fig. 7**)

Dans ses *Elementa physicæ*[9], Musschenbroek reprit cette expérience, mais avec deux boules de même diamètre, l'une en aimant et l'autre en fer ; il trouva que ses résultats vérifiaient son hypothèse que les forces attractives sont en raison quadruple inverse des espaces creux entre les sphères. Musschenbroek n'indiqua pas comment il avait formulé cette curieuse hypothèse.

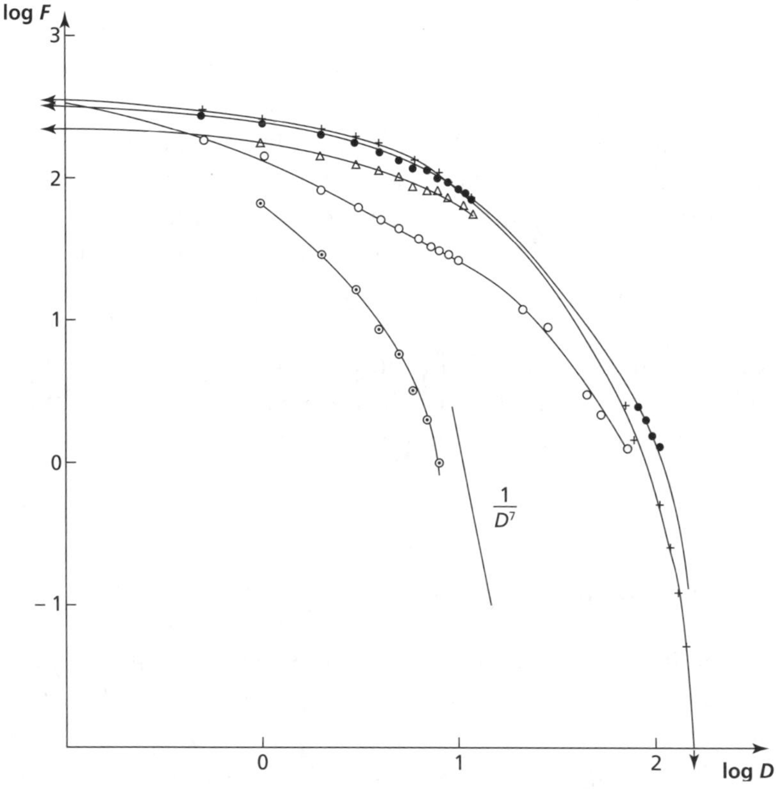

Fig. 7. Force magnétique F en fonction de la distance D, d'après les valeurs numériques résultant des expériences de Musschenbroek, *Dissertationes physicae experimentalis et geometricae de magnete.* On voit que l'exposant n d'une loi en $F = 1/D^n$ varie avec la distance, mais qu'à grande distance, n tend vers 7.

Jean-Louis Calandrini (1703-1758), professeur de mathématiques et philosophie à l'université de Genève, écrivit une centaine de notes en commentaire de l'édition de Genève des *Principia* de Newton (1739-1742). Il y décrit une expérience de déviation de l'aiguille aimantée par un petit aimant situé à grande distance de l'aiguille. Il conclut qu'en s'éloignant de l'aimant, la force magnétique diminue en raison presque de l'inverse du cube de la distance[10], ce qui est correct.

En 1750, John Michell[11] (1724-1793) écrit : « L'attraction ou la répulsion des Aimans diminue à proportion de l'augmentation des quarrés des distances aux pôles respectifs. Cette propriété paraît prouvée par les expériences que j'ai faites & par celles que j'ai lues ailleurs : on ne prétend cependant pas la donner pour certaine, pour ce qu'on n'a pas eu le loisir ou la facilité de faire assez d'expériences pour la déterminer avec la dernière exactitude[12]. » Il ajoute, en note : « Il y en a qui ont cru que la diminution de l'attraction ou de la répulsion magnétique étoit en raison inverse des cubes des distances, d'autres en raison des quarrés ; quelques-uns enfin qu'elle ne suit aucune loi déterminée, quoiqu'elle soit plus vive à grande distance, qu'à une petite. Parmi ces derniers est le Docteur Taylor & P. Musschenbroek qui paroissent avoir été fort exacts dans leurs expériences. »

Emanuel Swedenborg

Le Suédois Emanuel Swedenborg (1688-1772) publia, en latin, une théorie de l'aimant inspirée, en grande partie, des idées de Descartes.

Swedenborg était un esprit universel ; docteur en philosophie de l'université d'Uppsala en 1709, il avait fait le tour des grandes universités d'Europe, s'était initié à toutes les sciences, et avait rencontré les plus grands savants. À partir de 1715, il publia de nombreux ouvrages en astronomie, mathématiques, mécanique et physique, et fut l'un des premiers membres de l'Académie royale des sciences de Stockholm. Assesseur au Collège des mines, il visita en particulier les mines de fer de Suède. L'Académie des sciences de Paris fit traduire son *Traité du fer* et l'inséra dans sa *Description des arts et métiers*[13].

Swedenborg avait donc été un savant de premier ordre, avant de devenir à l'âge de 55 ans un visionnaire mystique. « Il disait que Dieu lui était apparu personnellement en 1743, pour le rendre capable de converser avec les anges ; il se mêlait d'annoncer les choses futures ou cachées, se vantait d'être en correspondance avec les morts, d'aller souvent en Enfer et d'être membre de la "société des anges"[14]. » Le thème des romans de Balzac *Louis Lambert* (1832) et *Séraphîta* (1834) s'inspire des théories ésotériques de Swedenborg.

La première partie de son monumental ouvrage *Œuvres philosophiques et minérales* est intitulée *Principia rerum naturalium, sive novorum tentaminum phœnomena mundi elementaris philosophice explicandi*[15]. Swedenborg y définit les quatre éléments : le premier qui est universel, le second qui est magnétique, le troisième qui est l'éther, et le quatrième, l'air. Dans la deuxième partie, consacrée entièrement au magnétisme, il explique que les particules de l'élément magnétique, qu'il appelle de petits tourbillons (*vorticula*[16]), sortent d'un centre de l'aimant avec un mouvement hélicoïdal qui devient rectiligne en s'éloignant. C'est en cela, dit-il, que consiste tout le magnétisme. Il traite ensuite, au long, de toutes les propriétés de l'aimant, d'abord *a priori* ou à partir des principes, puis *a posteriori* ou à partir des expériences. Il écrit : « On ne peut offrir des expériences plus appropriées et plus choisies sur l'aimant que celles qui ont récemment été publiées par le seigneur Petrus van Musschenbroek, homme très érudit et très habile dans l'art de construire judicieusement des expériences[17]. » Swedenborg recopie alors, mot pour mot, le long passage des *Dissertationes physicae experimentalis et geometricae de magnete*[18], dans lequel van Musschenbroek décrivait ses 146 expériences.

Swedenborg s'intéressa ensuite à la déclinaison magnétique. Il rapporta d'abord les observations qui en ont été faites, puis il exposa les causes de la déclinaison : il y a deux pôles magnétiques qui sont éloignés des pôles de la Terre, mais sont identiques aux pôles du tourbillon [de la Terre], qui sont les pôles de l'écliptique, à 22° 30′ du pôle géographique[19] (la valeur réelle est de 23° 27′). Ces pôles, dit Swedenborg, ont un mouvement circulaire autour des pôles de la Terre. Rappelons que Le Nautonier, qui avait trouvé par sa construction géométrique sur la sphère un angle de 23° entre les axes des pôles magnétiques et géographiques, insistait sur le fait que cela n'avait rien à voir avec l'obliquité de l'écliptique, et que d'ailleurs les pôles magnétiques ne tournaient pas autour des pôles géographiques.

À partir de ses hypothèses, Swedenborg calcula la valeur de la déclinaison pour plusieurs dates et plusieurs endroits. À Paris, la valeur de la déclinaison est donnée environ tous les dix ans, depuis 1610 jusqu'en 1920. L'accord avec les données est excellent pour les périodes pour lesquelles Swedenborg pouvait disposer d'observations : par exemple, en 1700, la valeur calculée est de 8° 12′, égale à la valeur observée ; en 1720, elle est de 12° 48′ pour une valeur observée de 13°. Mais, pour 1800, la valeur calculée était de 23° 3′ et pour 1920, de 36°. Les valeurs réelles sont, en 1800 de 22°, et en 1920 de 12° 53′ (vers l'ouest).

Les trois prix de l'Académie : Euler, Du Tour et Bernoulli

En 1746, l'Académie royale des sciences, encore peuplée de cartésiens, attribua un prix triple à trois mémoires soumis en 1744. Le premier[20], en latin, de Leonhard Euler, reprenait, en termes presque identiques, la théorie de Descartes. Euler y déclarait que les particules de limaille de fer permettaient de rendre visibles à l'œil nu les tourbillons magnétiques (rappelons que Descartes ne parlait pas de tourbillons magnétiques). Trente ans plus tard, Euler exposait, en français, sa théorie dans ses *Lettres à une princesse d'Allemagne* :

« L'arrangement que nous observons dans la limaille de fer ne nous laisse pas douter que ce ne soit une matière subtile & invisible qui enfile les parcelles de limaille, & les dispose dans la direction que nous voyons. Outre cela il est également clair que cette matière subtile traverse l'aimant même, en y entrant par l'un de ses pôles, & sortant par l'autre : de sorte qu'elle forme par son mouvement continuel autour de l'aimant, un tourbillon qui reconduit la matière subtile d'un pôle à l'autre & il n'y a aucun doute que ce mouvement ne soit extrêmement rapide. [...] Ce n'est donc que dans les pores de l'aimant, que la matière magnétique se trouve toute pure [...] ces pores sont disposés de façon à avoir une communication entre eux, & constituent des tuyaux ou canaux par lesquels la matière magnétique passe d'un bout à l'autre. [...] Je conçois [un canal magnétique] velû en dedans de sorte que les poils sont dirigés de A vers B, & qu'ils n'opposent aucun obstacle à la matière magnétique, quand elle passe de A vers B, puisqu'alors ces poils s'ouvrent d'eux-mêmes pour laisser passer la matière, mais ces mêmes poils ferment d'abord le passage, si la matière magnétique voulait rétrograder de B vers A[21]. » (**Fig. 8**).

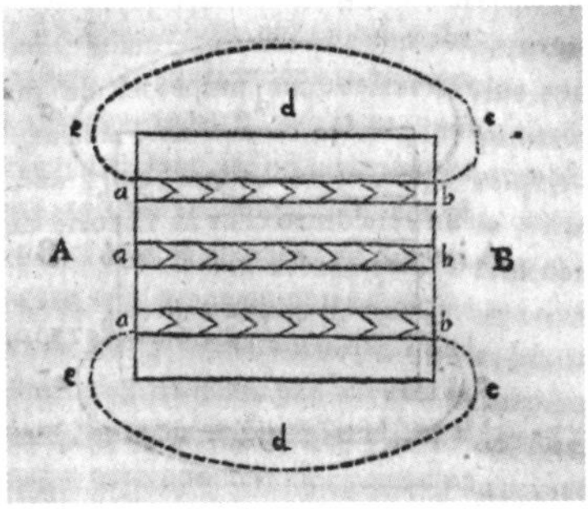

Fig. 8. Les pores de l'aimant sont garnis de poils permettant le passage des tourbillons de matière magnétique du pôle A vers le pôle B, mais non de B vers A (Euler, *Lettres à une princesse d'Allemagne*, t. III, 1774).

Le deuxième prix de l'Académie fut décerné à Étienne-François Du Tour (1711-1789), correspondant de l'abbé Nollet à l'Académie des sciences. Du Tour, dans son *Essai sur l'aimant*[22], reprenait, lui aussi, les idées de Descartes... en laissant supposer qu'elles étaient siennes : « Nous sommes réduits aux conjectures. Je vais en proposer : I. Je suppose que les pores de l'aimant forment des canaux parallèles à son axe, & sont revêtus de petits poils roides, peu mobiles, & qui étant tous couchés dans le même sens, en livrent ou en refusent le passage à la matière magnétique, selon le bout auquel elle se présente pour y pénétrer. »

Enfin, le troisième mémoire couronné[23] avait pour auteurs les mathématiciens et physiciens de Bâle, concitoyens et amis d'Euler, Daniel Bernoulli (1700-1782) et son frère Jean (1710-1790).

Daniel Bernoulli était un éminent mécanicien des fluides et on ne s'étonnera donc pas qu'il écrivît : « C'est donc en joignant le secours des méchaniques à celui des principes de Descartes que nous allons tâcher d'éclaircir cette question. [...] Je considère d'abord la matière subtile magnétique comme un simple fluide élastique, semblable à l'air, sans y supposer ni tourbillons, ni torrens centraux pour ne pas multiplier les hypothèses sans nécessité. » Malgré cela, les Bernoulli considèrent encore des « espèces de valvules ou soupapes » dans les pores velus, et leur théorie s'écartait finalement assez peu de celle de Descartes et d'Euler.

L'Encyclopédie, Buffon et Marat

Trente ans plus tard, l'article « Magnétisme » de *l'Encyclopédie* de Diderot et D'Alembert[24], faisait encore l'aveu de l'ignorance dans laquelle étaient les savants : « Les phénomènes de l'aimant sont vraisemblablement produits par une matière subtile, différente de l'air, nous disons différente de l'air parce que ces phénomènes ont également lieu dans le vuide ; mais nous ignorons absolument la manière dont cette machine agit. C'est encore une question non moins difficile que de savoir s'il y a quelque rapport entre la cause du magnétisme & celle de l'électricité, car on ne connaît guère mieux l'une que l'autre[25]. »

Quant à Georges-Louis Leclerc de Buffon (1707-1788), sans prétendre expliquer les propriétés de l'aimant, il manifesta clairement le peu de créance qu'il accordait aux théories de Descartes et des cartésiens : « Plusieurs physiciens qui ont traité de la nature de l'aimant, se sont persuadé qu'il circulait dans l'aimant une matière qui en sortait incessamment après y être entrée et en avoir pénétré la substance. Le célèbre géomètre Euler, et plusieurs autres, voulant expliquer mécaniquement les phénomènes magnétiques, ont adopté l'hypothèse de Descartes, qui suppose dans la substance de l'aimant des conduits et des pores si étroits qu'ils ne sont perméables qu'à cette matière magnétique, selon eux plus subtile que toute autre matière subtile ; et, selon eux encore, ces pores de l'aimant et du fer sont garnis de petites soupapes, de filets et de poils mobiles, qui tantôt obéissent et tantôt s'opposent au courant de cette matière si subtile. Ils se sont efforcés de faire cadrer les phénomènes du magnétisme avec ces suppositions peu naturelles et plus que précaires, sans faire attention que leur opinion n'est fondée que sur la fausse idée qu'il est possible d'expliquer mécaniquement tous les effets des forces de la nature. Dans le système adopté par la plupart des physiciens, on suppose un grand tourbillon de matière magnétique, circulant autour du globe terrestre, et de petits tourbillons de cette même matière, qui non seulement circule d'un pôle à l'autre de chaque aimant, mais entre dans leurs substances et en sort pour y rentrer. Dans la physique de Descartes, tout était tourbillon, tout s'expliquait par des mouvements circulaires et des impulsions tourbillonnantes ; mais ces tourbillons qui remplissaient l'univers ont disparu ; il ne reste que ceux de la matière magnétique dans la tête de ces physiciens[26]. »

À la fin du XVIIIe siècle, les tourbillons avaient donc disparu, mais le subtil fluide magnétique resta présent pendant toute la première moitié du XIXe siècle.

Musschenbroek reconnaissait : « On pourra donc me demander, & avec raison, quelle est la cause des effets que produit l'Aiman ? Je reconnais franchement que quelque peine que je me sois donnée pour la découvrir, je n'ai pas encore pu la trouver jusqu'à présent, quoique j'en aye fait la recherche avec beaucoup de soin, & que j'aye examiné l'aiman en autant de manières, qu'aucun Philosophe l'a peut-être fait avant moi[27]. »

Jean-Paul Marat (1743-1793) est plus connu pour ses activités révolutionnaires que pour ses travaux sur le feu et l'électricité. Marginal et provocateur, il s'était mis à dos l'Académie des sciences[28], mais il n'était sans doute pas aussi mauvais physicien que ses ennemis le prétendaient… et peut-être même meilleur que certains de ses contemporains. La réflexion, à la fin de son *Mémoire sur l'électricité médicale* couronné le 6 août 1783 par l'Académie de Rouen, mérite d'être citée[29] : « La science du magnétisme est à peine au berceau, si toutefois on peut appeler de ce nom une théorie sans principes & sans loix, une branche de Physique dont l'objet échappe aux sens, se communique d'une manière merveilleuse, opère d'une manière inconcevable, & où tout est prodige : ou plutôt, si on peut appeler de ce nom un ramas de faits & d'observations sans suite, sans lien, sans rapports, un tissu d'opinions erronées & d'hypothèses ridicules[30]. »

Æpinus

En 1759, le physicien allemand Franz Ulrich Theodor Æpinus (1724-1802) avait publié, à Saint-Petersbourg, son ouvrage *Tentamen theoriæ electricitatis et magnetismi*, que le minéralogiste René Just Haüy (1743-1822) fit connaître au public français en 1787[31].

La théorie d'Æpinus est succinctement résumée dans le rapport sur l'ouvrage d'Haüy, présenté à l'Académie des sciences par Laplace, Cousin et Legendre, le 21 juillet 1787 : « La Théorie du Magnétisme suppose, 1° que les molécules du fluide magnétique se repoussent mutuellement, & sont attirables seulement par le fer dans l'état métallique. 2° Que les corps susceptibles de magnétisme ne laissent mouvoir le fluide dans leur intérieur, qu'avec une extrême difficulté, & ne lui permettent point de passer en quantité sensible dans les corps voisins ; & pour expliquer le magnétisme spontané de certains corps, ainsi que la direction constante de l'aiguille aimantée, il faut admettre comme troisième principe, que l'attraction du globe est équivalente à celle d'un noyau doué d'une grande force magnétique, & placé en son centre. [...] [Æpinus] a démontré le premier que l'action directive du globe sur les aiguilles aimantées, pouvait être sensible sans que la force attractive le fût[32]. »

Enfin, « nous ne passerons pas sous silence la découverte de la loi que suit l'action des fluides électrique & magnétique, à raison des distances. M. Æpinus avoit soupçonné que cette action suivait la raison inverse du quarré des distances ; il était porté à le croire, par analogie seulement, & sans avoir aucune expérience pour l'établir. [...] Il était réservé à M. Coulomb de découvrir cette loi, par un moyen entièrement à lui, & qui peut servir à mesurer de très petites forces avec une grande exactitude ; découverte d'autant plus difficile que Newton & d'autres physiciens avaient cru voir dans les actions électriques & magnétiques, la raison inverse du cube, ou même d'une plus haute puissance de la distance. »

Tobias Mayer

Tobias Mayer[33] (1723-1762), astronome allemand, fut professeur d'économie et de mathématiques à l'université de Göttingen et directeur de l'Observatoire. Il avait calculé les meilleures tables de la Lune, qui permettaient la détermination de la longitude la plus précise à l'époque. Dans une note au *Bulletin de la Société philomathique* de 1821, Jean-Baptiste Biot mentionnait l'importante contribution de cet astronome allemand : « Mayer est réellement le premier qui ait cherché à appliquer au magnétisme terrestre les considérations rigoureuses d'une véritable théorie. Mayer avait d'abord déterminé la loi des attractions et des répulsions magnétiques d'après l'observation des phénomènes composés que présente l'action mutuelle de deux aimants [...]. La loi des forces étant connue, Mayer a cherché à expliquer la direction de l'aiguille aimantée par l'action de deux centres magnétiques agissant chacun en raison inverse du carré de la distance ; il aura été conduit par les phénomènes même, à voir que ces deux centres devaient être supposés infiniment voisins ; du moins tel est le sens de l'hypothèse à laquelle il s'arrête[34]. »

Il fallut attendre 1972 pour que le manuscrit de la *Theoria magnetis* de Mayer, conservé à la bibliothèque de l'université de Göttingen, soit traduit et publié[35]. Dans ce remarquable travail, Mayer commençait par réfuter la théorie cartésienne, « sinon fausse, du moins inutile et inepte », soutenue, entre autres, par Euler, suivant laquelle des tourbillons magnétiques sortent par un pôle et rentrent par l'autre. Il se limita, dit-il, à discuter les lois suivant lesquelles la force magnétique agit à des distances données et ne s'occupa pas de savoir pourquoi cette force existe, laissant d'autres décider de cette question, s'ils le pouvaient.

Mayer partait de l'idée qu'il existe une distribution de magnétisme entre les pôles et le centre d'un aimant, et qu'en définissant le champ d'action de la force magnétique, il faut s'intéresser à l'action attractive ou répulsive des « particules magnétiques individuelles sur les particules individuelles d'un corps magnétique », et vice versa. La loi recherchée s'applique à l'action des particules individuelles et non à l'action globale d'un aimant sur un autre, trop complexe pour obéir à une loi simple[36]. C'est pourquoi il commença par une expérience simple, en faisant osciller une longue aiguille aimantée devant l'un des pôles d'un long aimant barreau. La période d'oscillation T de l'aiguille est alors en raison directe de la racine carrée de la force d'attraction mutuelle des deux pôles proches de l'aiguille et du barreau, distants de d. Dans une expérience comportant trois mesures, il trouva des valeurs de d de 4, 9 et 88, des valeurs de T de 4, 16 et 64. La force magnétique décroît donc un peu plus lentement que l'inverse du carré de la distance. De cela, dit Mayer, nous pouvons conjecturer avec confiance que la force avec laquelle agit une particule magnétique isolée correspond exactement au carré de la distance, car on peut montrer que, dans ce cas, les forces combinées doivent décroître un peu plus lentement (il y a quatre pôles en jeu).

Mayer vérifia cette conjecture par des expériences faites sur des aimants rectilignes de section uniforme, avec des aimants droits d'épaisseur uniforme, dans lesquels il admettait une répartition du magnétisme linéaire et antisymétrique entre le centre et les pôles. Il calcula la force attractive (ou répulsive) entre deux de ces aimants, en calculant d'abord la force d'attraction entre deux sections élémentaires des deux barreaux, de longueurs respectives dl et dl', et en intégrant sur leurs longueurs totales l et l', avec l'hypothèse que chaque partie d'un aimant est attirée par une seule partie et, de même, repoussée par une seule partie de l'autre aimant, avec une force variant comme l'inverse du carré de la distance. Il trouva un excellent accord entre les valeurs calculées et les valeurs trouvées par l'expérience, ce qui confirmait que les forces attractive et répulsive varient bien comme l'inverse du carré de la distance.

Magnétisme et électricité

Depuis l'Antiquité, les effets du magnétisme étaient associés à ceux de l'électricité. En effet, l'aimant attire le fer, de même que l'ambre jaune (ἤλεκτρον, *êléktôr*), lorsqu'il est frotté, attire des fétus de paille. Gilbert avait consacré à l'électricité une partie de son livre sur l'aimant et, au XVIIIe siècle, on ne comptait pas les traités et mémoires d'auteurs qui comparaient l'électricité et le magnétisme, que ce soit pour affirmer ou pour nier l'identité des fluides électrique et magnétique. Le P. Kircher disait déjà : « Personne ne peut nier qu'il existe la plus grande différence entre les attractions magnétique et électrique[37]. » Une centaine d'années plus tard, Musschenbroek était encore de cet avis : « Je ne crois pas que la vertu magnétique soit la même que l'Électricité[38]. » Et, en 1782, Marat affirmait : « Quoiqu'on ait fait du fluide électrique le vrai principe de la chaleur, on rapporte assez généralement à la même cause le Magnétisme & l'Électricité. Par quelle bizarre inconséquence ? Car le Magnétisme & le Feu n'offrent pas un seul phénomène commun. [...] Pour peu qu'on examine avec soin leur nature, ils ne paraissent avoir en commun d'autres propriétés qu'une force attractive réelle & une force répulsive apparente, encore la répulsion estelle un phénomène beaucoup moins durable dans le Magnétisme que dans l'Électricité.

S'ils ont si peu d'analogie dans leurs attributs, quelle différence dans leur manière d'agir !

Le fluide électrique tombe sous les sens ; le fluide magnétique leur échappe.

L'Électricité se communique à tous les corps, le Magnétisme ne se communique qu'au fer & à l'acier. [...]

Enfin, le signe qui caractérise le Magnétisme ne se retrouve point dans l'Électricité : car une aiguille électrisée ne se tourne pas d'elle-même vers les pôles du monde, comme fait une aiguille aimantée.

Le fluide électrique & le fluide magnétique diffèrent donc essentiellement, bien que l'Électricité puisse quelquefois exciter le Magnétisme[39]. »

Et, dans son ouvrage *Eraste ou l'ami de la jeunesse*[40], l'abbé Jean-Jacques Fillassier (1736-1806), « membre de plusieurs académies », ami et préparateur de Marat, écrit : « Nous n'avons encore que des probabilités très vagues sur la nature du magnétisme. » Après avoir, comme Marat, énuméré les différences du fluide magnétique avec le fluide électrique, il conclut : « Mais toutes ces différences nous apprennent ce que le magnétisme n'est pas, sans nous faire connaître ce qu'il est. »

L'action à distance était, depuis longtemps, un des grands mystères de la physique, et Newton fut le premier à lever un coin du voile qui le recouvrait, en montrant que la force de la gravité variait en raison inverse du carré de la distance, dans les *Principia mathematica*, parus en 1685. Même si des physiciens, Æpinus en particulier, soupçonnaient depuis longtemps que les deux autres actions à distance connues, électrique et magnétique, suivaient la même loi « en $1/r^2$ », il fallut attendre un siècle pour que cela fût vérifié expérimentalement. Et c'est à Mayer et à Coulomb que l'on doit cette avancée fondamentale.

Chapitre 6

De Coulomb à Ampère

L'œuvre de Coulomb

Charles Augustin Coulomb (1736-1806), l'un des grands noms de la mécanique et de la physique françaises, fit une carrière d'officier du Génie. Sorti en 1761 de l'École du génie de Mézières, il fut envoyé en mission à la Martinique pour diriger des travaux de fortifications. Il y resta huit ans et y travailla sur la résistance des matériaux et le frottement. Rentré en France, il reçut diverses affectations et continua à s'intéresser à la science. En 1781, son mémoire sur les lois du frottement lui valut un prix de l'Académie des sciences, où il fut rapidement élu. Il termina sa carrière, sous l'Empire, comme inspecteur général de l'instruction publique.

À l'École du génie de Mézières, Coulomb avait suivi les cours de l'abbé Nollet, le célèbre « électricien », et en avait sans doute gardé un intérêt pour les phénomènes électriques et magnétiques. Il leur consacra de nombreuses expériences qui lui permirent de montrer que les forces électriques et magnétiques varient en raison inverse du carré de la distance. L'unité de charge électrique porte son nom.

Coulomb pensait que « les corps aimantés agissant l'un sur l'autre par attraction et par répulsion à des distances finies, ainsi que les corps électrisés, le fluide magnétique paraît avoir, si ce n'est par sa nature, au moins par cette propriété, de l'analogie avec le fluide électrique, et, d'après cette analogie, on peut présumer que ces deux fluides agissent suivant les mêmes lois[1] ».

Entre 1785 et 1789, Coulomb, qui ne connaissait pas le travail, non publié, de Mayer, présenta sept mémoires sur l'électricité et le magnétisme à l'Académie des sciences. Le premier mémoire, de 1785, est intitulé : *Construction et usage d'une balance électrique, fondée sur la propriété qu'ont les fils de métal d'avoir une force de torsion proportionnelle à l'angle de torsion.* De sa balance de torsion, Coulomb affirmait : « Elle mesure avec la plus grande exactitude l'état et la force électrique d'un corps, quelque faible que soit le degré d'électricité[2]. » Le deuxième mémoire, également de 1785, est intitulé : *Où l'on détermine suivant quelles lois le fluide magnétique ainsi que le fluide électrique agissent soit par répulsion soit par attraction.*

Il n'est pas inutile de décrire rapidement la balance électrique, car Coulomb utilisa une balance magnétique construite sur le même principe (**Fig. 9**). À un fil d'argent très fin est suspendue une aiguille horizontale. Cette dernière, formée d'une paille isolée électriquement, porte à son extrémité une petite balle de moelle de sureau, à laquelle est présentée une autre balle de sureau fixe. Les balles, initialement au contact, sont électrisées. Chargées de la même électricité, elles se repoussent, jusqu'à ce que la balle portée par l'aiguille arrive à une certaine distance angulaire, lue sur un cercle gradué en degrés. On tord ensuite le fil de métal, produisant une force supplémentaire proportionnelle à l'angle de torsion, qui tend à rapprocher les balles. On observe la distance à la balle fixe à laquelle différents angles de torsion ramènent la balle mobile et, en comparant les forces de torsion avec les distances correspondantes des deux balles, on détermine la loi de répulsion.

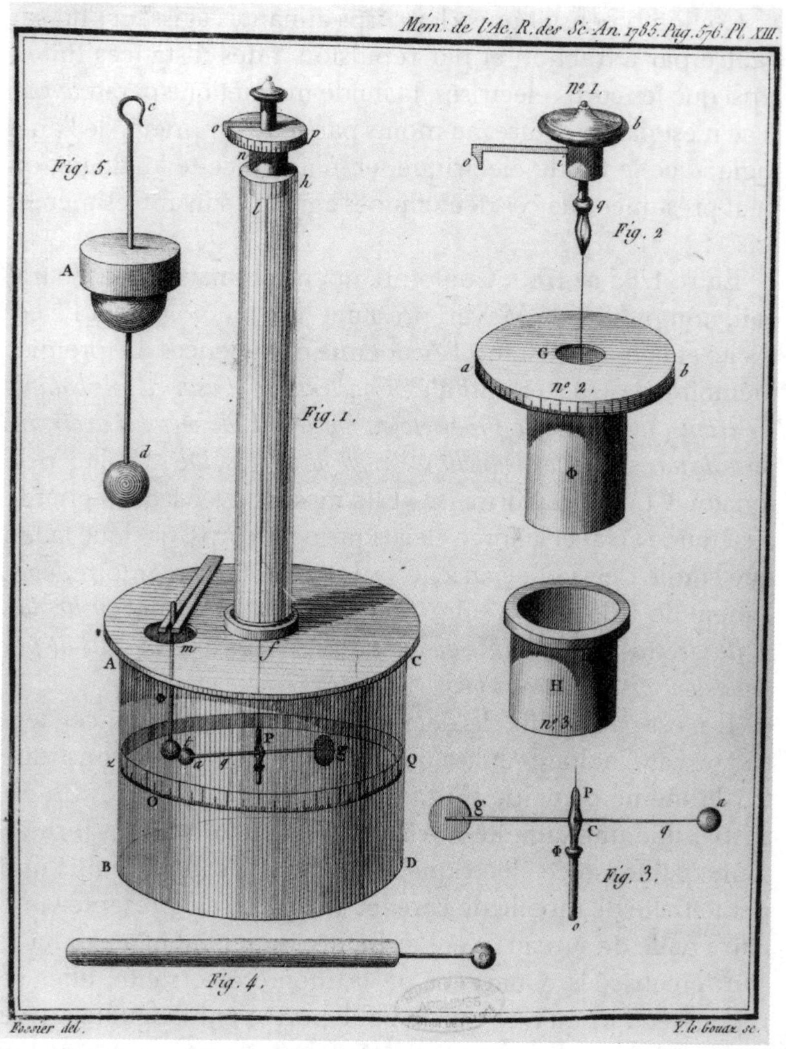

Fig. 9. Balance de torsion de Coulomb (*Mémoires de l'Académie royale des sciences*, 1785).

Par cette expérience, Coulomb a, dit-il, prouvé facilement « que l'action répulsive de deux balles électrisées de la même nature d'électricité et placées à différentes distances était très exactement en raison inverse du carré des distances. »

Mais il lui fut plus difficile de mesurer la force d'attraction de deux balles chargées d'électricités opposées. En effet, lorsque les deux balles se rapprochent en s'attirant, la force d'attraction croît plus vite que la force due à la torsion du fil, de sorte qu'il est très difficile, aux courtes distances, d'empêcher la balle mobile de se précipiter sur l'autre. Coulomb résolut la difficulté « par le calcul » et parvint à mettre en équilibre, à différentes distances, les forces agissant entre les deux balles électrisées avec la force de torsion du fil de sa balance. Et il en conclut que la force attractive des deux balles électrisées, l'une de l'électricité positive, l'autre de l'électricité négative, est en raison inverse du carré de la distance des centres des deux balles.

À l'aide de sa balance magnétique, Coulomb arriva au même résultat pour la force répulsive des pôles de même nom d'aiguilles aimantées. Il y avait toutefois une différence notable avec les expériences électriques. En effet, on ne peut pas séparer les charges magnétiques et produire des balles portant des charges positives ou des charges négatives. Afin de séparer l'action des pôles, Coulomb utilisa des aiguilles aimantées formées de fils d'acier d'environ 3 mm de diamètre et de 65 cm (24 pouces) de longueur. À l'un des pôles d'une aiguille horizontale suspendue dans le méridien magnétique, il présentait le pôle de même signe d'une aiguille verticale. L'aiguille horizontale, repoussée, s'arrêtait lorsque la force de répulsion des pôles était balancée par l'action du champ magnétique terrestre tendant à ramener l'aiguille dans le méridien. Il mesurait le déplacement angulaire pour plusieurs valeurs imposées de la torsion du fil. Les actions des pôles éloignés pouvaient être négligées en raison de la longueur des aiguilles.

Coulomb conclut de ces expériences que « l'action répulsive du fluide magnétique est en raison inverse du carré des distances ».

Pour déterminer la loi de l'attraction magnétique, Coulomb employa aussi une autre méthode, fondée sur les oscillations d'une aiguille aimantée. Il suspendait à un fil de cocon de soie sans torsion une aiguille aimantée horizontale, en fil d'acier, longue d'environ 3 pouces (8 cm), qui se plaçait dans le méridien magnétique ; lorsqu'elle était écartée de ce méridien, elle y revenait en oscillant. Il mesurait le nombre d'oscillations par seconde autour du méridien ; il présentait ensuite à cette aiguille un fil aimanté, long de 25 pouces (67 cm) ; ce fil était maintenu vertical et son extrémité inférieure était placée sur l'horizontale passant par l'aiguille suspendue dans le méridien. Coulomb avait montré précédemment que le fluide magnétique est concentré aux extrémités des aiguilles aimantées sur une longueur de 2 à 3 pouces, et que le « centre d'action » de chaque moitié du fil est à peu près à 10 lignes (2,25 cm) de ses extrémités. Il prenait donc soin de disposer l'extrémité du fil aimanté 10 lignes plus bas que l'horizontale de l'aiguille, de manière que le centre d'action du pôle, C, soit sur l'horizontale de celle-ci.

Coulomb porta successivement à différentes valeurs la distance de C au centre de l'aiguille d'épreuve suspendue, et compta pour chacune d'elles le nombre n d'oscillations par minute de cette aiguille. En l'absence de l'aiguille déviante, $n = 15$. Pour des distances de 4, 8, 16 pouces de C, $n = 41$, 24, 17 respectivement. On savait que, dans le cas d'oscillations libres sous l'action d'une force de rappel (comme, par exemple, celui du pendule simple oscillant sous l'action de la force de pesanteur), le carré du nombre d'oscillations par unité de temps est proportionnel à la force agissante. Si l'aiguille n'est soumise qu'à l'action de la Terre, et fait 15 oscillations par minute, la force est proportionnelle à 15^2 ; si elle est soumise, en plus, à l'action du fil aimanté, et fait (par exemple) 41 oscillations par minute, la force totale appliquée est proportionnelle à 41^2 ; la force magnétique du pôle C est la différence de ces deux quantités.

Coulomb énonça donc : « Puisque les forces horizontales qui font osciller l'aiguille sont proportionnelles au carré du nombre d'oscillations faites en un même temps, si l'action du fluide magnétique sur l'aiguille était comme l'inverse du carré des distances, les nombres $(41)^2 - (15)^2 = 1456$; $(24)^2 - (15)^2 = 351$;

$(17)^2 - (15)^2 = 64$ seraient entre eux comme 1, 1/4, 1/16 ; ils sont comme 1 ; 0,24 ; 0,043. » Coulomb vit bien que la valeur du dernier rapport était un trop petite (1/16 = 0,062), mais il observa que, dans ce dernier cas, il fallait tenir compte de l'action du pôle supérieur du long fil et faire une correction. La valeur corrigée devient 0,054. Ce n'est pas 0,062, mais c'est mieux que 0,043 et Coulomb s'en contenta : « J'ai répété plusieurs fois cette expérience en suspendant des aiguilles de 2 à 3 pouces de longueur, et j'ai toujours trouvé qu'en faisant les corrections nécessaires que je viens d'expliquer, l'action, soit attractive, soit répulsive, du fluide magnétique, était comme l'inverse du carré des distances. »

Coulomb conclut : « Le fluide magnétique agit par attraction ou répulsion, suivant la raison composée directe de densité du fluide, et la raison inverse du carré des distances de ses molécules. »

Coulomb utilisa aussi sa balance magnétique pour comparer différentes aiguilles aimantées et leur *momentum* : ayant laissé les différentes aiguilles se placer librement dans le méridien magnétique pour une torsion nulle du fil métallique de suspension, il tordait ensuite ce fil de manière que les différentes aiguilles forment un même angle avec le méridien, et il en tirait la conclusion que « le *momentum* de la force avec laquelle chaque aiguille est ramenée à son méridien par l'action magnétique de la Terre est proportionnel à l'angle de torsion qu'aura donné l'expérience[3] ». Le *momentum* de Coulomb est ce que nous appelons le moment magnétique M de l'aiguille aimantée ; c'est le produit de la distance entre les centres d'action des pôles par l'intensité magnétique de ces pôles. L'aiguille, éloignée du méridien d'un angle α, tend à y être ramenée par un couple de valeur $MH \sin \alpha$, où H est la composante horizontale du champ magnétique terrestre. Ce couple, dans l'expérience, est équilibré par le couple de torsion du fil.

Le septième mémoire, de 1789, « a pour objet de déterminer, par l'expérience et par le calcul théorique, les lois du magnétisme». Coulomb y traita notamment du « *momentum* de la force directrice des aiguilles, relativement à leur diamètre», et examina «l'action des différents points d'une aiguille aimantée suivant que ces points sont plus ou moins éloignés de l'extrémité de l'aiguille».

Pour cela, Coulomb utilisa encore sa balance de torsion et des fils d'acier fins, de longueur 40 à 50 fois supérieure à leur diamètre, aimantés à saturation. Il nota que «pour le succès d'une pareille expérience, il a fallu disposer les essais de manière que, en présentant un fil d'acier à une aiguille très courte a, il n'y eut qu'une très petite partie du fil dont l'action sur l'aiguille fût considérable, afin de pouvoir en conclure la densité magnétique du point du fil présenté à l'aiguille». Il décrit ensuite le processus expérimental: «Lorsqu'on veut déterminer l'action magnétique du point *b* [dans le méridien et le plan horizontal contenant *a*], on fait d'abord osciller l'aiguille *a*, avant de lui présenter le fil d'acier *ns* [maintenu vertical], on compte le nombre d'oscillations que fait cette aiguille en vertu de l'action seule du globe de la Terre; on place ensuite l'extrémité *s* du fil d'acier en *b*, à la hauteur de l'aiguille *a*; on compte dans cette position le nombre d'oscillations que fait l'aiguille *a* dans soixante secondes; on baisse successivement l'extrémité *s* du fil d'acier de 6 lignes en 6 lignes, et à chaque fois, on compte le nombre d'oscillations que l'aiguille a fait en soixante secondes.»

De ses expériences, Coulomb conclut que «la courbe des intensités magnétiques [dans le fil] peut, dans la pratique, se calculer comme un triangle qui ne s'étend que depuis l'extrémité des aiguilles jusqu'à une distance de cette extrémité égale à 25 fois le diamètre de l'aiguille: ainsi, dans les aiguilles qui ont une longueur plus grande que cinquante fois leur diamètre, les *momentum* croissent comme l'accroissement des longueurs des aiguilles[4]». En effet, puisque le *momentum* est égal à deux fois l'aire qui représente la somme des densités magnétiques, multipliée par la distance du centre de gravité de cette aire au milieu du fil, il s'ensuit que les *momenta* «de différentes aiguilles d'acier, de différentes longueurs, mais de la même nature et de la même grosseur, doivent différer entre eux d'une quantité proportionnelle aux décroissements des longueurs des aiguilles ».

Mais Coulomb voulait aussi, comme il est rappelé plus haut, déterminer les lois du magnétisme par le calcul. Par exemple, un modèle très simple lui permit de calculer approximativement la distribution de l'intensité magnétique $\mu(x)$ (x étant la distance à une des extrémités de l'aiguille) en écrivant qu'il y a équilibre entre les forces magnétiques dues à la distribution $\mu(x)$ des charges et « la résistance qu'éprouve le fluide à passer d'un point à un autre du fil d'acier », qu'il appelait *force coercitive* et qu'il supposait uniforme dans tout le fil. Il calcula l'équilibre en un petit nombre de points de l'axe, en déduisit une approximation discrète de $\mu(x)$, et conclut que l'évolution de ces valeurs de μ le long du barreau est semblable à la distribution du magnétisme mesurée dans l'aiguille. Nul doute qu'il eût été possible de raffiner le schéma ; mais parfois, Coulomb, sûr de son fait, se contentait d'une illustration pour conclure à la conformité « trouvée entre les expériences fondamentales et le calcul ». Il avança que cette conformité semblait donner grand poids, soit à l'opinion d'Æpinus, soit au système des deux fluides, avant de dire : « Cependant, il faut avouer qu'il y a quelques phénomènes qui semblent se refuser entièrement à cette hypothèse. »

Dans ces difficiles expériences de détermination de la distribution du magnétisme, Coulomb était très averti des approximations qu'il faisait. Cent ans plus tard, en 1883, malgré de légères réserves, Jules Jamin (1818-1886), dans son cours de physique de l'École polytechnique[5], écrira : « Telles quelles, ses mesures sont les seules que l'on possédait jusqu'à ces dernières années, et l'on doit dire que les résultats qu'elles ont fournis présentent un accord général avec ceux qui ont été publiés depuis. »

De même que, après que Newton eut déterminé la loi de son action, la nature de la gravité restait inconnue, de même, la découverte par Coulomb de la loi d'action du magnétisme n'empêchait pas que l'on ignorât encore la nature du magnétisme. On continua à attribuer son action à un fluide magnétique ; seulement, du fluide magnétique dont les molécules se repoussent, on était passé à l'idée qu'il y avait deux fluides magnétiques, comme il y avait deux électricités, positive et négative.

Biot et Gay-Lussac

En 1824, le physicien Jean-Baptiste Biot (**Fig. 10**) restait encore prudent : « Quelle est la nature du principe qui produit ces phénomènes ? Nous l'ignorons. Mais quel qu'il puisse être, nous le définirons, pour abréger, par le nom de magnétisme ; c'est ainsi que l'on appelle électricité le principe inconnu des phénomènes électriques, et calorique, le principe non moins inconnu de la chaleur. Il faudra seulement, pour procéder avec philosophie, n'attribuer au principe magnétique que des qualités et des propriétés indiquées ou nécessitées par les phénomènes qu'il produit[6]. » Il poursuivait néanmoins : « On voit [...] que les pouvoirs exercés par les deux surfaces polaires d'un aimant ne sont pas semblables, puisque l'une attire ce que l'autre repousse, et réciproquement. L'expression la plus simple de ce résultat sera d'admettre deux espèces de magnétisme, distinctes, sinon dans leur essence physique, ce que nous ne pouvons encore ni conjecturer ni connaître, au moins dans le mode extérieur et apparent de leur action. C'est ainsi que les attractions et les répulsions électriques conduisent à distinguer deux sortes d'électricité, la vitrée et la résineuse [...] ; et l'on peut remarquer que chacun des deux magnétismes domine dans l'un des pôles opposés d'un aimant, de même que chacune des deux électricités domine dans l'un des pôles opposés d'une tourmaline échauffée[7]. »

Fig. 10. Jean-Baptiste Biot (Archives de l'Académie des sciences).

Le chimiste et physicien Louis Joseph Gay-Lussac (1778-1850) enseignait la physique à la faculté des sciences de Paris[8]. Dans sa leçon 37, du 22 mars 1828, il déclarait : « Voilà déjà plusieurs raisons qui nous portent à penser que le magnétisme n'est nullement une propriété de la matière, et n'est nullement une force. Que sera-t-il donc si ce n'est ni une propriété ni une force ? Ce sera un agent, un fluide. Nous devrons par conséquent l'appeler fluide magnétique. [...] Tels sont les arguments par lesquels nous établissons que la force magnétique tient non pas à une propriété de la matière, mais à un fluide particulier que nous appelons fluide magnétique, fluide matériel, impénétrable, et pourtant non pesant. [...] Ainsi nous dirons qu'il y a non pas un fluide magnétique, mais deux fluides magnétiques. Ces deux fluides sont, en quelque sorte, enfermés dans des parties différentes d'un barreau aimanté. L'un de ces fluides prédomine à une extrémité, l'autre prédomine à l'autre. [...] Ces expériences prouvent d'une manière évidente que le fer contient les deux fluides ; que ces deux fluides peuvent être séparés par la présence d'un aimant, mais que cette séparation n'est que temporaire, et qu'à l'instant où les fluides recouvrent leur liberté, ils se rejoignent complètement. »

La même année, Humboldt, pourtant ami intime de Gay-Lussac, écrivait à Arago[9] : « La *Physique* de Gay me paraît bien pâle. »

Ampère

Dès 1820, le grand physicien André Marie Ampère (1775-1836), fondateur de l'électrodynamique, ne parlait plus des fluides magnétiques et réduisait les phénomènes magnétiques à des effets purement électriques. En effet, à la séance du 4 septembre 1820 de l'Académie des sciences, Arago avait rendu compte de l'expérience faite par le physicien danois Hans Christian Œrsted (1777-1851) qui montrait qu'une aiguille aimantée, parallèle à un fil conducteur de l'électricité, était déviée lorsque le fil était connecté aux bornes d'une pile de Volta. Ce qu'Ampère appela le *courant électrique* agissait donc sur l'aiguille aimantée.

Le 18 septembre 1820, à l'Académie des sciences, « M. Ampère lit un mémoire contenant des expériences qui lui sont propres et qui ajoutent de nouveaux faits aux expériences de M. Œrsted relatives à l'action du galvanisme sur le magnétisme[10] ».

« C'est cette action découverte par M. Œrsted, écrit Ampère, qui m'a conduit à reconnaître celle de deux courants électriques l'un sur l'autre, celle du globe terrestre sur un courant, et la manière dont l'électricité produisait tous les phénomènes que présentent les aimans, par une distribution semblable à celle qui a lieu dans le conducteur d'un courant électrique, suivant des courbes fermées perpendiculaires à l'axe de chaque aimant. [...] D'où il suit qu'un aimant doit être considéré comme un assemblage de courans électriques qui ont lieu dans des plans perpendiculaires à son axe, dirigés de manière que le pôle austral de l'aimant, qui se porte du côté du nord, se trouve à droite de ces courans. [...] Ces courans s'établissant d'abord dans l'aimant suivant les courbes fermées les plus courtes, soit de gauche à droite, soit de droite à gauche, et alors la ligne perpendiculaire aux plans de ces courans devient l'axe de l'aimant, et ses extrémités en deviennent les pôles. Ainsi à chacun des pôles de l'aimant, les courans électriques dont il se compose sont dirigés suivant des courbes fermées concentriques[11]. »

En 1873, James Clerk Maxwell (1831-1879) écrivait encore : « Puisque la forme de la loi de l'action magnétique est identique à celle de l'action électrique, les mêmes raisons qui peuvent être données pour attribuer les phénomènes électriques à l'action d'un "fluide" ou de deux "fluides" peuvent être aussi utilisées en faveur de l'existence d'une matière magnétique ou de deux sortes de matière magnétique, fluide ou autre[12]. » Cependant, il poursuivait en montrant que la théorie de la matière magnétique fluide peut certes expliquer les phénomènes, mais au prix d'hypothèses artificielles ; il proposa donc de dire plutôt que « les particules d'un aimant sont polarisées », comme un aimant complet.

À la fin du XIXe siècle, la théorie du magnétisme n'avait guère progressé depuis Ampère et Maxwell. En 1899, le physicien Charles Maurain (1871-1967), qui fondera l'Institut de physique du globe de Paris en 1921, pouvait encore écrire, en conclusion de son ouvrage sur le magnétisme du fer :

« Toutes les propriétés connues s'expliquent bien en admettant que les molécules des corps magnétiques constituent autant de petits aimants permanents orientés d'abord dans des directions quelconques, et dont l'action extérieure totale est par suite nulle ; l'aimantation consiste alors dans une orientation plus ou moins complète de ces aimants moléculaires, dont l'action extérieure devient ainsi sensible. Cette hypothèse a été émise par Ampère, développée par Weber et Maxwell [...] chaque molécule serait parcourue par un courant fermé, d'orientation définie, équivalent, comme on sait, à un petit aimant[13]. »

Chapitre 7

Le magnétisme vu par la physique moderne

Coulomb, nous l'avons vu, avait déterminé expérimentalement que l'attraction varie comme l'inverse du carré de la distance, aussi bien pour le magnétisme que pour l'électricité. Rappelons que, en ce qui concernait l'électricité, il s'agissait de mesurer la force qui agit entre deux petites balles porteuses de charges électriques opposées, tandis que pour le magnétisme, Coulomb mesurait la force avec laquelle un pôle d'un aimant attire le pôle de nom opposé d'un autre aimant. Mais c'était là une différence essentielle, car alors qu'on peut isoler des charges électriques, positives ou négatives, on ne peut pas isoler des « masses magnétiques », nord ou sud. C'est ce que montre l'expérience de l'aimant brisé qui redonne deux aimants complets, aussi loin que l'on pousse la division. Il fallait donc s'assurer que les aimants utilisés étaient suffisamment longs pour que l'action répulsive des autres pôles ne perturbe pas l'action attractive que l'on cherchait à mesurer.

En 1894, Pierre Curie (1859-1906) avait envisagé la possibilité d'existence de charges magnétiques isolées et avait conclu : « Ainsi, du point de vue de l'Énergétique, ou du point de vue de la symétrie, on peut concevoir sans absurdité les courants de magnétisme et les charges de magnétisme libre[1].» En 1931, Dirac avait confirmé cette possibilité dans le cadre de la théorie quantique. On recherche toujours le *monopôle magnétique*, particule élémentaire douée d'une charge magnétique (comme l'électron est doué d'une charge électrique), mais à ce jour, on ne l'a pas encore découvert.

Le courant électrique (circulation de charges électriques élémentaires) était relativement facile à mettre en évidence, en particulier par son action sur l'aiguille aimantée, et pouvait se manifester par l'apparition d'étincelles. Par analogie avec le «fluide électrique», on imagina, nous l'avons vu, un «fluide magnétique» (ou même deux fluides), mais cela restait une vue de l'esprit, en raison de l'impossibilité fondamentale de séparer les deux pôles d'un aimant.

Avant de considérer brièvement la théorie moderne du magnétisme, il est bon d'introduire ou de rappeler certaines grandeurs pertinentes aux phénomènes d'aimantation et aux interactions des corps aimantés.

Le fait que les deux pôles d'un aimant restent toujours associés conduit à considérer un court aimant barreau comme un dipôle, de longueur l, porteur à ses extrémités de deux «masses magnétiques» m opposées. La grandeur physique essentielle n'est donc pas la masse magnétique (alors qu'en électricité, c'est la charge électrique), mais le vecteur *moment magnétique* (le *momentum* de Coulomb) de module :

$$M = ml$$

Le moment magnétique d'un aimant varie comme son volume[2]. Le moment magnétique par unité de volume est appelé *intensité d'aimantation*.

L'aiguille de la boussole est un doublet magnétique : elle n'est donc pas attirée vers un point de la Terre ou du ciel, comme Norman fut le premier à le montrer, mais elle est soumise, dans le champ uniforme terrestre, à deux forces parallèles de sens contraire appliquées aux pôles, c'est-à-dire à un couple, qui la fait s'orienter en tournant. «Toute région de l'espace dans laquelle l'aiguille aimantée subit cette action directrice s'appelle un *champ magnétique*[3].» Un champ magnétique est représenté par un vecteur $\vec{H}$. Nous avons déjà dit qu'un aimant de moment magnétique M, placé dans un champ magnétique uniforme $\vec{H}$, subit un couple de moment :

$$C = MH\sin\alpha$$

où α est l'angle entre la direction du champ et celle de l'axe magnétique. Ce couple oriente le moment magnétique de l'aimant dans la direction du champ.

Lorsqu'ils sont placés dans un champ magnétique, les matériaux dits «magnétiques» acquièrent une aimantation dont l'intensité croît avec le champ qui la produit. Ainsi, le fer s'aimante lorsqu'il est approché d'une pierre d'aimant (donc dans un champ non uniforme) ; en chaque point, le fer prend une aimantation proportionnelle au champ en ce point. Le facteur de proportionnalité est la *susceptibilité magnétique*. Lorsque le champ magnétique appliqué croît, l'aimantation croît d'abord lentement, puis plus rapidement et enfin tend vers une limite, l'*aimantation à saturation*. Souvent, l'aimantation ne disparaît pas complètement lorsque le champ excitateur s'annule et il subsiste une *aimantation rémanente*, qui peut être importante dans le cas, par exemple, de la pierre d'aimant et des aimants permanents. Pour un matériau facile à aimanter (doux), comme le fer pur, l'aimantation rémanente est négligeable ; en revanche, l'acier (fer contenant environ de 0,01 % à 2 % de carbone) est difficile à aimanter (dur), mais peut garder une aimantation rémanente importante.

Les «molécules magnétiques» sont les électrons des atomes

Ampère a montré que des circuits parcourus par des courants électriques sont équivalents à des aimants. Une spire circulaire embrassant une surface S et parcourue par un courant d'intensité I se comporte comme un aimant de moment magnétique M :

$$M = SI$$

Le pôle nord de cet aimant se trouve à la gauche d'un observateur placé le long du circuit de manière que le courant lui entre par les pieds et lui sorte par la tête, et regardant vers l'intérieur du circuit (c'est la règle dite « du bonhomme d'Ampère »). Une petite spire de courant électrique, comme un petit aimant, crée un champ magnétique dipolaire, dont les composantes varient comme l'inverse du cube de la distance au dipôle. Une bobine de fil conducteur (ou solénoïde) enroulé en hélice et parcouru par un courant électrique se comporte comme un empilement de spires. Le courant engendre un champ magnétique qui peut aimanter un noyau de fer doux. C'est le principe de l'électroaimant.

En 1899, on était aussi loin de comprendre la nature du magnétisme de l'aimant et du fer qu'à l'époque d'Ampère[4].

Ce n'est qu'au cours du XXe siècle, lorsque la physique des solides se développa à partir de la mécanique quantique, que fut percé le mystère du magnétisme des cristaux… Mais sans qu'il soit pour autant explicable dans le cadre de la physique classique, car il s'agit là d'un phénomène purement quantique. Il est toutefois possible, sans aller jusqu'au fond des choses, de rendre compte de façon à peu près satisfaisante du magnétisme des aimants à partir de concepts très voisins de celui des « molécules magnétiques ». En admettant, comme Ampère, que « chaque molécule serait parcourue par un courant fermé, d'orientation définie, équivalent, comme on sait, à un petit aimant[5] ». Comme le disait le physicien anglais Sir Brian Pippard (1920-2008) : « Nous pouvons envisager l'ensemble des atomes, de la même façon qu'Ampère, comme de petites boucles de courant dans un espace vide[6]. »

Les « molécules magnétiques » élémentaires ne sont autres que les électrons des atomes constitutifs d'un matériau magnétique. Chaque atome est formé d'un noyau, de charge électrique positive, autour duquel on peut considérer que « gravitent » des électrons de charge élémentaire négative. La mécanique quantique nous apprend que ces électrons sont répartis sur des

« couches » et « sous-couches », correspondant à des niveaux d'énergie distincts.

Parmi les grandeurs quantiques associées aux électrons, le *spin* joue un rôle essentiel dans le magnétisme. Bien que le spin n'ait pas d'équivalent en mécanique classique, on peut cependant l'imaginer comme correspondant au moment angulaire qui caractériserait un électron en rotation sur lui-même, créant un moment magnétique élémentaire, proportionnel au spin[7]. Le spin des électrons peut prendre les valeurs + ½ et – ½, et les moments magnétiques correspondants sont donc orientés en sens opposés. Il n'est donc pas déraisonnable de considérer un électron comme la « molécule magnétique » élémentaire. Comme le disait encore Pippard : « Il n'y a, habituellement, pas de mal à imaginer les électrons comme de petits aimants. »

Une sous-couche électronique complète comprend des paires d'électrons de spin + et de spin –, dont les moments magnétiques se compensent. Mais, pour certains métaux, il y a des sous-couches internes qui restent incomplètes, avec des électrons non appariés. Les atomes de ces métaux ont alors un moment magnétique non nul. C'est le cas de métaux dits « de transition », comme le fer, le cobalt et le nickel. Ainsi, la sous-couche $3d$ du fer pourrait au maximum accepter 10 électrons, mais elle n'en contient que 6, dont seulement 2 sont appariés ; il y a donc 4 électrons porteurs chacun d'un moment magnétique élémentaire. Le nickel et le cobalt ont respectivement 2 et 3 électrons célibataires dans la sous-couche $3d$. Les atomes de fer, de nickel et de cobalt sont donc magnétiques[8]. Mais cela ne suffit pas à expliquer le magnétisme de l'aimant.

Dans certains matériaux magnétiques, les atomes sont suffisamment rapprochés les uns des autres pour que les électrons magnétiques puissent s'échanger entre atomes voisins. Il intervient alors un phénomène coopératif de nature purement quantique, sans analogue classique, l'*interaction d'échange*, qui aligne fortement les moments magnétiques des atomes voisins, créant une *aimantation spontanée* en l'absence de champ magnétique extérieur. Selon l'orientation des moments magnétiques, plusieurs types de magnétisme existent. Si les moments magnétiques sont alignés tous dans le même sens, on a un matériau *ferromagnétique* (c'est le cas du fer, du cobalt et du nickel). Si le sens des moments est alterné, conduisant à un moment résultant nul, le matériau est *antiferromagnétique.* Enfin, dans certaines structures cristallines, on peut avoir des moments magnétiques de grandeur différente sur deux types de sites du réseau cristallin ; lorsque ces moments sont alignés dans des sens alternés, il subsiste un moment résultant dans le sens du moment le plus fort, le matériau est alors *ferrimagnétique* ; c'est le cas de la magnétite que nous examinerons plus loin un peu plus en détail. Le cas de l'*hélimagnétisme* (les moments magnétiques tournent en hélice) est intermédiaire entre le ferromagnétisme (pas de l'hélice : 0°) et l'antiferromagnétisme (pas de l'hélice : 180°). Il se rencontre dans certains métaux des terres rares (terbium, dysprosium, etc.).

Les domaines magnétiques

Quoiqu'il possède un magnétisme spontané, le fer doux ne se comporte pas comme un aimant en l'absence de champ extérieur. Ce paradoxe a été résolu par le physicien français Pierre Weiss (1865-1940) : « On se représente facilement qu'une portion un peu étendue de matière puisse paraître magnétiquement neutre si l'on suppose, comme nous l'avons déjà fait, que cette matière est formée par la juxtaposition d'un très grand nombre de domaines élémentaires, tous aimantés à saturation. La direction et le sens de l'aimantation changent d'un domaine à l'autre, de sorte qu'au total l'aimantation paraît nulle en l'absence d'un champ extérieur[9]. » L'existence des *domaines de Weiss* a été confirmée par l'observation.

Chaque domaine crée un champ magnétique ; mais ces domaines, qui ont des moments d'orientations différentes, sont disposés de telle façon que la résultante de leurs moments est nulle pour le cristal, ce qui diminue son énergie. En d'autres termes, les lignes de force des champs magnétiques créés par les domaines se ferment dans le cristal et il n'y a pas de champ à l'extérieur.

Les domaines sont séparés par des parois (*parois de Bloch*) au travers desquelles l'orientation des moments change de façon continue, d'un domaine à l'autre. Lorsqu'on applique un champ magnétique au matériau, les domaines dans lesquels les moments ont une orientation voisine de celle du champ appliqué croissent aux dépens des autres, par migration des parois. Lorsque le champ appliqué atteint une valeur suffisante, il ne reste plus qu'un seul domaine, dont le moment s'oriente alors complètement parallèlement à ce champ appliqué. On a atteint alors l'aimantation à saturation totale.

Comme l'a dit Weiss : « On se rend compte maintenant que le rôle du champ extérieur est non de provoquer l'aimantation, mais de la rendre sensible à l'observation. On n'observera réellement l'aimantation spontanée, avec sa vraie grandeur, que lorsqu'on l'aura rendue exactement parallèle dans toute l'étendue de la substance, et pour cela un champ très intense est nécessaire[10]. »

La mobilité des parois de Bloch conditionne la facilité d'aimantation et la possibilité d'obtenir une aimantation rémanente, c'est-à-dire qui subsiste lorsque le champ appliqué est supprimé. Dans un matériau pur, comme le fer doux non déformé, les parois peuvent se déplacer facilement : on obtient aisément l'aimantation à saturation, mais celle-ci disparaît lorsque le champ appliqué s'annule. En revanche, dans le fer déformé ou les aciers, les parois sont « épinglées » par des défauts, dislocations, atomes d'impuretés ou petits précipités, et se déplacent difficilement. Il faut alors appliquer un champ plus fort pour obtenir l'aimantation à saturation et une aimantation rémanente subsiste après sa disparition ; on a alors un aimant permanent. Pour supprimer l'aimantation rémanente, il faut appliquer en sens inverse un *champ* dit « coercitif ».

À ce propos, on peut noter que le premier travail scientifique de Marie Skłodowska (1867-1934), au cours duquel elle rencontra Pierre Curie qui allait devenir son mari, portait sur les propriétés magnétiques des aciers trempés. Elle détermina leur aimantation rémanente et leur champ coercitif, nota que « c'est l'augmentation du champ coercitif qui rend certains aciers spéciaux propres à faire de bons aimants permanents », et conclut que « les aciers au tungstène et au molybdène sont les meilleurs aciers à aimants[11] ».

Jérôme Cardan avait remarqué que la pierre d'aimant perd sa vertu attractive au cours du temps, et y voyait un signe de vieillesse. En réalité, la raison de ce phénomène est que les charges magnétiques aux pôles créent un champ magnétique à l'intérieur de l'aimant, dirigé en sens inverse de son aimantation, qui tend donc à faire disparaître celle-ci en réorientant les domaines (*champ démagnétisant*). On remédie à cet état de choses en fermant le circuit magnétique, par exemple en joignant les pôles d'un aimant en fer à cheval par une pièce de fer doux, ce qui supprime les pôles et donc le champ démagnétisant.

À des températures supérieures à une température critique T_c, dite *point de Curie*[12], l'alignement des moments magnétiques dû à l'interaction d'échange disparaît, en raison de l'agitation thermique, et le matériau cesse d'être ferromagnétique. Pour le fer, $T_c = 770$ °C, pour le nickel, $T_c = 358$ °C, et pour le cobalt $T_c = 1\,115$ °C. Ainsi s'explique l'observation des Anciens que le fer aimanté, porté au rouge (environ 850 °C), perd son aimantation.

Swedenborg attribuait la perte d'aimantation du fer par chauffage au désordre des « parties » (*partes*) provoqué par le feu. Deux figures, qui lui sont dues, montrent clairement les « parties » alignées de pôle à pôle dans l'aimant non encore « brûlé », et désordonnées lorsqu'il a été « brûlé » (*tostus*[13]). On peut voir, dans ces « parties » une préfiguration des moments magnétiques, alignés dans un domaine possédant une aimantation spontanée en dessous du point de Curie, et désordonnés au-dessus du point de Curie (**Fig. 11**).

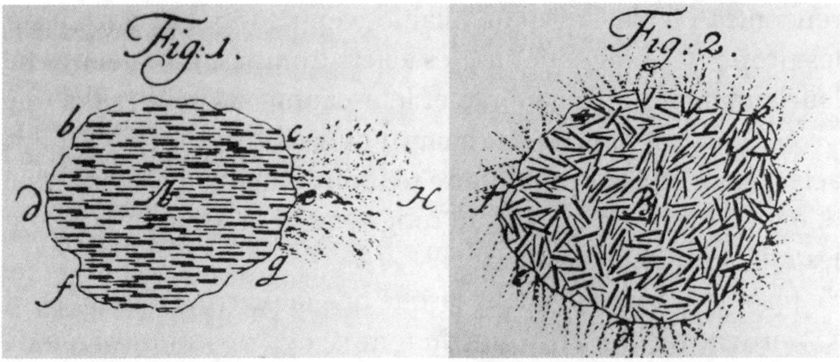

Fig. 11. Les « parties » de l'aimant sont alignées à basse température, mais désordonnées à haute température, entraînant la perte de l'aimantation. On peut y voir une préfiguration du désordre des moments magnétiques au-dessus du point de Curie (Swedenborg, *Principia rerum naturalium*, 1734 ; bibliothèque de l'Arsenal).

La magnétite

Qu'en est-il maintenant de l'aimantation de la magnétite ? La magnétite a pour formule Fe_3O_4, que l'on peut écrire ($Fe^{2+}O$, $Fe^{3+}{}_2O_3$) pour mettre en évidence que le fer est sous forme d'ions ferreux Fe^{2+} et d'ions ferriques Fe^{3+}, qui ont respectivement deux et trois électrons de moins que l'atome de fer sur la couche externe. La structure cristalline est du type dit « spinelle inverse », constituée d'un empilement compact (cubique à faces centrées) d'ions d'oxygène, dans les interstices duquel se placent les ions de fer de plus petite taille. Les ions ferriques, deux fois plus nombreux que les ions ferreux, occupent tous les sites tétraédriques, entourés de 4 ions oxygène, et la moitié des sites octaédriques, entourés de 6 ions oxygène. Les ions ferreux occupent le reste des sites octaédriques (**Fig. 12**). L'interaction d'échange entre les ions ferriques sur les sites tétraédriques et octaédriques conduit à ce que leurs moments soient antiparallèles et se compensent ; ils ne contribuent donc pas à l'aimantation du cristal, qui est due uniquement à l'alignement en parallèle des moments des ions ferreux. Comme les ferromagnétiques, la magnétite a un point de Curie : $T_c = 578$ °C.

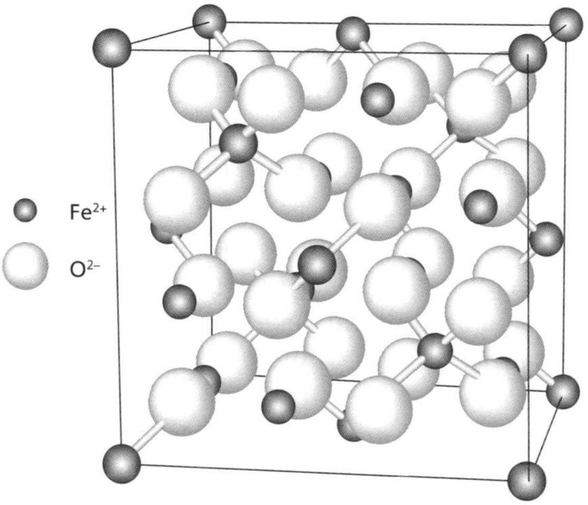

Fig. 12. Structure de la magnétite.

De même que pour le fer, l'aimantation spontanée de la magnétite a lieu dans des domaines de Weiss et c'est l'application d'un champ magnétique extérieur qui conduit à l'aimantation à saturation. Certes, le minéral magnétite est exposé au champ magnétique terrestre, mais celui-ci est très faible et on comprend mal comment l'aimantation à saturation de la pierre d'aimant peut être aussi forte, au point que sa propriété d'attirer le fer ait été remarquée par les observateurs les moins attentifs. Il a été récemment proposé que c'est lorsque la magnétite est frappée par la foudre qu'elle développe une aimantation à saturation élevée dans le champ magnétique intense du courant de foudre[14]. Des expériences de laboratoire rendent vraisemblable cette hypothèse, d'ailleurs en accord avec le fait que la pierre d'aimant ne se trouve pas, en général, en profondeur, mais près de la surface terrestre et vers les sommets du relief. La forte rémanence de l'aimantation de la magnétite serait due à son oxydation par altération à basse température, conduisant à la formation de petits cristaux de *maghémite* γFe_2O_3, qui gênent le déplacement des parois de domaines.

L'imagerie par résonance magnétique

Le mot « magnétique » évoque souvent l'imagerie par résonance magnétique (IRM), un examen médical non invasif, de plus en plus répandu, qui permet de faire des diagnostics cliniques en visualisant les tissus mous du corps humain, (notamment le cerveau, la moelle épinière et les viscères thoraco-abdominaux), ce que ne peuvent faire, avec autant de précision quasi anatomique, les rayons X. Il s'agit en fait de *résonance magnétique nucléaire*, mais le mot « nucléaire » faisant maintenant peur[15], il est simplement omis. On ne peut pas parler de la résonance magnétique nucléaire sans citer le nom du physicien français Anatole Abragam (1914-2011), titulaire de la chaire de magnétisme nucléaire au Collège de France, qui lui donna son cadre théorique.

Nous allons essayer d'expliquer (de façon très simplifiée et approximative[16]) ce qu'est la résonance magnétique nucléaire et comment l'aimant y intervient. Tout d'abord, le mot « nucléaire » vient de ce que l'on s'intéresse au magnétisme des noyaux atomiques. Dans le cas précis de l'IRM, il s'agit des noyaux de l'atome d'hydrogène (protons) ; l'eau, dont la molécule comprend deux atomes d'hydrogène, est, en effet, très abondante dans les tissus mous. Les protons possèdent, comme les électrons (*v. supra*), un spin $\vec{S}$ qui peut prendre les valeurs $\pm 1/2$ correspondant à deux états d'énergie différents. Ils ont donc un moment magnétique $\vec{\mu}$, proportionnel au spin et dirigé dans le sens de celui-ci : $\vec{\mu} = \gamma \vec{S}$, où γ est la constante gyromagnétique. Dans l'eau à l'équilibre thermique, il y a égalité entre les deux populations de protons, de spin $+1/2$ et $-1/2$.

Si l'on applique un champ magnétique statique uniforme $\vec{B}$, les protons acquièrent une énergie proportionnelle à μB et se répartissent entre les deux niveaux d'énergie possible. Toutefois, il y en a davantage dans l'état d'énergie la plus basse, avec le moment magnétique orienté dans le sens du champ appliqué, que dans l'état d'énergie la plus haute. La différence d'énergie ΔU entre les deux états est proportionnelle au champ magnétique : $\Delta U = \hbar\gamma B = \hbar\omega_p$ ($\hbar = h/2\varpi$ où h est la constante de Planck). Les moments magnétiques tendent à s'aligner avec le champ magnétique ; en réalité, ils ne sont pas vraiment alignés avec le champ $\vec{B}$, mais tournent en décrivant un cône autour de la direction du champ, dans un mouvement de précession (comme celui d'une toupie), d'une fréquence angulaire $\omega_p = \gamma B$.

Si on envoie sur les protons une onde électromagnétique, produisant un champ magnétique oscillant de fréquence ω, transversal au champ statique $\vec{B}$, on induit des transitions entre les deux niveaux d'énergie pour la fréquence de résonance $\omega = \omega_p$, correspondant à la différence d'énergie entre les deux niveaux. Pour les champs usuels (quelques teslas[17]), la résonance du proton a lieu dans le domaine des radiofréquences. Ainsi, pour un champ de 1 T, la résonance se produit pour une fréquence voisine de 42 MHz. Les protons du niveau inférieur passent au niveau supérieur avec absorption d'énergie, et ceux du niveau supérieur tombent au niveau inférieur avec dégagement d'énergie. Comme il y a davantage de protons dans le niveau inférieur, il y a au total absorption d'énergie, qui est détectée par une antenne de réception. L'amplitude du signal dépend du nombre de protons.

Pour faire de l'imagerie, il faut localiser les protons des molécules d'eau dans l'espace. Dans ce but, on superpose au champ principal des gradients de champ, de façon à obtenir un champ variant linéairement dans les trois directions de l'espace. Les protons résonnent alors pour une fréquence dépendant de leur position. Des techniques mathématiques permettent, à partir de ces données, d'obtenir des images des tissus en trois dimensions.

Arrivons-en aux aimants, car pour obtenir les champs magnétiques statiques nécessaires, de l'ordre de 1,5 à 3 teslas, il faut des aimants puissants, que ce soit des aimants permanents ou des électroaimants. Les aimants permanents sont maintenant à base d'alliages de terres rares, le plus souvent néodyme-fer-bore. Ils sont fiables et relativement peu coûteux. Mais on utilise de plus en plus des aimants supraconducteurs. Ce sont des électroaimants constitués d'un bobinage d'un alliage de niobium et de titane ; porté à la température de l'hélium liquide (–269 °C), voisine du zéro absolu (–273 °C), cet alliage devient supraconducteur, c'est-à-dire que sa résistance électrique s'annule. Il peut donc conduire, sans échauffement par effet Joule, des courants de très forte intensité et produire des champs magnétiques intenses et durables.

Chapitre 8

Archéomagnétisme et paléomagnétisme

C'est à Robert Boyle que l'on a fait crédit d'avoir observé le premier, en 1691, le magnétisme des terres cuites, et le fait qu'une brique chauffée dans le feu et laissée à refroidir dans la même position s'aimantait dans la direction du champ magnétique de la Terre[1].

Cependant, dès 1646, Sir Thomas Browne (1605-1682), auteur d'un ouvrage critique sur les croyances populaires[2], avait déjà remarqué :

« Ce que l'on rapporte des Fers chauffés dans le feu est également vrai, ils acquièrent une verticité lors de leur réfrigération car, chauffés au rouge et refroidis sur le méridien du nord au sud, ils présentent ensuite une vertu polaire et, une fois placés dans l'air ou sur l'eau, présentent au nord la partie qui était dans cette direction au cours de la réfrigération. Une verticité semblable, bien que plus obscure, est aussi contractée par les briques et le carrelage, comme nous en avons fait l'expérience avec quelques briques qui avaient été enlevées du fond d'une cheminée. [...] Il s'ensuit donc qu'il est possible de se tromper lorsque, pour chercher le méridien, on pose une aiguille sur un mur, car certaines de ces briques, si elles sont là depuis longtemps dans la même position, sont suffisamment magnétisées pour distraire la polarité de l'aiguille. »

Il semble donc bien que Browne ait été, sinon le premier à avoir remarqué que les terres cuites gardent l'empreinte du magnétisme terrestre, du moins le premier à avoir consigné par écrit cette observation.

Quoi qu'il en soit, il fallut attendre plus de deux siècles avant que Silvestro Gherardi (1802-1879), professeur de physique à l'université de Turin, publie en 1862 et 1863, trois mémoires : *Sur le magnétisme polaire*[3] *des palais et autres édifices à Turin*[4], *Sur le magnétisme polaire des briques et autres terres cuites*[5] et *Sur une expérience particulière, se rapportant au magnétisme des terres cuites*[6].

Dans le premier mémoire, Gherardi rapporta que l'on ne trouvait pas les mêmes valeurs de l'inclinaison magnétique si on la mesurait dans diverses salles de l'université de Turin : ainsi, on observait une inclinaison de 60° 11′ dans le cabinet de physique et de 65° 35′ dans l'amphithéâtre de physique, près du mur sud. Cette différence maximale observée, de 5° 24′, était à peu près égale, remarqua Gherardi, à la variation de l'inclinaison entre Rome et Paris, et il ne lui semblait guère possible que ce paramètre variât autant dans le même bâtiment. Ces observations le conduisirent à extraire des briques, ou des fragments de brique, des murs près desquels on trouvait de telles discordances dans les mesures, et il trouva que ces briques et ces fragments se comportaient à la façon d'un minerai magnétique, comme les laves anciennes et modernes du Vésuve que le « célèbre Melloni » (*v. infra*) avait montré être magnétiques.

Gherardi consacra le deuxième mémoire à une défense de la priorité de ses observations. Dans la lettre adressée au professeur Giuseppe Fiorelli (1823-1896), directeur des fouilles de Pompéi et rapportant les résultats des mesures effectuées sur un morceau de tuile provenant de Pompéi, Gherardi se laissait aller à un certain lyrisme en parlant du « magnétisme polaire » de cette tuile, « merveilleusement conservé » : « Je suis certain que ce matériau a maintenu toujours *vivant* son magnétisme propre, ce *mouvement éthéré*, ou cette *substance éminemment subtile, impondérable, inconcevable* [...] dont nous pouvons bien dire (sans hérésie !) qu'elle forme, qu'elle est, son *âme*, son *esprit*. »

Une trentaine d'années plus tard, dans une série d'articles, Giuseppe Folgheraiter (1856-1913), professeur à l'Institut de physique de Rome, avança l'idée que les terres cuites trouvées dans les fouilles archéologiques et les anciennes tombes fournissaient un enregistrement indélébile de l'état du magnétisme terrestre à l'époque et à l'endroit de leur cuisson[7]. Elles pouvaient donc, en principe, être utilisées pour étudier les variations de l'inclinaison du champ magnétique terrestre dans le passé. « La méthode de mesure est fondée sur la détermination de l'action magnétique que les divers objets exercent sur une petite aiguille aimantée, suspendue librement[8] [...] »

En effet, les observations de Browne, de Gherardi et de Folgheraiter s'expliquent par le fait que les argiles cuites contiennent des petits cristaux de minéraux magnétiques (en particulier de la magnétite) dont les moments magnétiques s'alignent dans le champ terrestre lorsque leur température passe en dessous du point de Curie (voir chapitre 7), au cours du refroidissement. Ces travaux sont à l'origine de l'archéomagnétisme, discipline qui consiste à étudier des structures archéologiques datées (fours de potier, briques, tuiles, sols brûlés, etc.) ayant gardé en mémoire, au moment de leur fabrication ou de leur utilisation, la direction et l'intensité du champ géomagnétique. Cette empreinte laissée par le champ magnétique terrestre dans certains matériaux est appelée « champ magnétique fossile ». On peut ainsi étudier la variation séculaire du champ géomagnétique aux échelles historiques. On peut aussi déterminer l'inclinaison du champ magnétique fossile, par la direction du moment magnétique d'objets dont on est sûr qu'ils étaient en position horizontale (soles de fours), ou posés sur un plan horizontal (vases, etc.), lors de la cuisson et du refroidissement. Folgheraiter a ainsi mesuré l'inclinaison, boréale ou australe, sur des vases dont il pouvait déterminer la position dans laquelle ils avaient été cuits. Il résulte de ses mesures, dit-il, « que vers 650 av. J.-C., l'équateur magnétique passait au nord de l'Attique, qu'au début du VIe siècle, il traversait cette région, alors que plus tard, vers 550, il se trouvait au sud de celle-ci[9]. »

Bien qu'il ait effectué ses travaux au XXe siècle, nous ne pouvons pas passer sous silence Émile Thellier (1904-1987), qui fut le grand spécialiste français du magnétisme des roches et le spécialiste mondial incontesté de l'aimantation des terres cuites. Lorsque Charles Maurain lui proposa un sujet de thèse sur le champ magnétique fossile tel que Folgheraiter avait cherché à le retrouver dans les poteries anciennes, ce sujet avait été défloré, plutôt que fécondé, par un assez grand nombre de travaux superficiels. Thellier, reprenant le problème à la base, découvrit les lois d'addition des aimantations thermorémanentes des argiles, lois qui furent interprétées théoriquement beaucoup plus tard par le physicien français Louis Néel (1904-2000), et qui devinrent le fondement de l'analyse thermomagnétique des roches. Émile Thellier et sa femme Odette consacrèrent une large part de leur activité à l'archéomagnétisme.

Comme nous l'avons évoqué plus haut, il n'y a pas que les poteries qui enregistrent le champ magnétique terrestre. En effet, les laves de certains volcans (Hawaï, La Réunion, etc.) et des dorsales médio-océaniques donnent, en se solidifiant, des basaltes. Au cours du refroidissement de la lave, de petits cristaux de magnétite se forment et, comme dans le cas des poteries, leurs moments magnétiques s'alignent dans le champ terrestre lorsque la température passe en dessous du point de Curie.

Le magnétisme des minéraux et des roches a été étudié, dès le XIXe siècle[10], par les Français Joseph Fournet (1801-1869), professeur de géologie à l'université de Lyon[11], et Achille Delesse (1817-1881), inspecteur général des Mines[12], ainsi que par le physicien italien Macedonio Melloni[13] (1798-1854) qui fut directeur de l'Observatoire du Vésuve[14].

En 1905, le physicien Bernard Brunhes[15] (1867-1910), directeur de l'Observatoire météorologique du Puy-de-Dôme, étudiait l'inclinaison magnétique conservée par des couches d'argile transformées en brique naturelle par des coulées de lave volcanique. Faisant des mesures dans une carrière de brique naturelle, à Pontfarein (Cantal), il découvrit que « de nombreux échantillons, prélevés tant sur la brique que sur le basalte qui la surmonte, à des distances atteignant 100 mètres l'une de l'autre, ont présenté une direction d'aimantation uniforme, *avec le pôle Nord actuel du côté Sud et en haut.* L'inclinaison [...] est donc négative dans la brique et le basalte de Pontfarein[16]. » La revue *La Nature* donna un compte rendu de la séance du 2 octobre 1905 de l'Académie des sciences[17] :

« M. Mascart rappelle que M. Brunhes [...] vient d'étudier les argiles recouvertes sur une longueur de 1 000 mètres par une coulée de basalte miocène. Il s'est trouvé que la direction de l'aiguille aimantée occupait, à cette époque du recouvrement de l'argile, une direction presque inverse de la direction actuelle. D'où il suit nécessairement que le champ magnétique terrestre a subi une variation considérable. »

La conclusion, qui fut confirmée par la suite, était inévitable : le basalte s'était mis en place et avait cuit l'argile sous-jacente, à une époque où le champ magnétique terrestre avait une direction opposée à la direction actuelle. C'était la première mise en évidence des inversions du champ magnétique, dont on a maintenant une chronologie détaillée. La période actuelle, dite normale, et qui porte le nom de Brunhes, a débuté il y a environ 780 000 ans, succédant à la période de Matuyama (inverse) qui, elle-même, succède aux périodes de Gauss (normale), de Gilbert (inverse), etc.

Le paléomagnétisme tire des informations du « magnétisme thermorémanent » fossile des roches qui, en particulier, est utilisé pour reconstituer les épisodes de la tectonique des plaques. L'enregistrement du champ fossile dans le basalte du plancher océanique émis aux dorsales et les datations de ce basalte par des méthodes géochimiques ont permis de dater les épisodes d'inversion du champ terrestre, lors de l'expansion des fonds océaniques. On a ainsi pu mesurer la vitesse d'éloignement des continents (par exemple Amérique du Sud et Afrique) de part et d'autre des dorsales[18].

En mesurant la direction de l'aimantation de la roche, on peut aussi connaître l'inclinaison magnétique à l'époque d'un épanchement basaltique (que les géochimistes peuvent dater) et donc, au moyen de la formule de Krafft (voir chapitre 9), la latitude de la région où il s'est formé[19].

D'autres minéraux magnétiques, comme la greigite Fe_3S_4 (point de Curie : $T_c = 404$ °C), analogue à la magnétite, mais dans laquelle le soufre remplace l'oxygène, sont secrétés par les bactéries magnétotactiques (voir chapitre 12) ou bien produits par des bactéries réductrices des sulfates, dans des sédiments lacustres[20]. Au moment de la déposition de ces sédiments, les particules cristallines s'orientent dans le champ magnétique terrestre. Le « magnétisme rémanent détritique », dû à la greigite, mais aussi et plus souvent à l'hématite (Fe_2O_3), est utilisé en paléomagnétisme.

Chapitre 9

Le biomagnétisme

En 1975, le microbiologiste américain Richard Blakemore remarqua, sous microscope, que certaines bactéries vivant dans les marécages saumâtres se dirigeaient toujours vers le nord[1]. Lorsqu'un aimant était placé à proximité, les bactéries se dirigeaient alors vers l'aimant. Les bactéries mortes s'orientaient passivement dans un champ magnétique comme de microscopiques aiguilles aimantées. On découvrit par la suite d'autres espèces de bactéries, marines ou d'eau douce, possédant les mêmes étranges propriétés.

L'examen par microscopie électronique en transmission de ces bactéries, dites « magnétotactiques », en révéla la structure. Dans la longueur de leurs cellules, des petits cristaux, cubiques ou octaédriques, d'une fraction de micromètre d'arête, sont disposés en chaîne. Ce sont des cristaux de minéraux magnétiques : souvent la magnétite, mais aussi la greigite. Chacun de ces cristaux constitue un petit aimant, et la chaînette de cristaux se comporte donc comme une boussole qui oriente la bactérie vers le nord et contraint ses déplacements dans cette direction.

En réalité, ces bactéries anaérobies ne cherchent pas à se diriger vers le nord, mais vers le bas, car elles recherchent les zones favorables à leur croissance, donc pauvres en dioxygène et riches en nourriture. En effet, on l'a vu, l'aiguille aimantée s'incline vers le bas dans l'hémisphère Nord, ce qui fait qu'en cherchant à s'enfoncer, les bactéries se dirigent vers le nord. Dans l'hémisphère Sud, le phénomène contraire a lieu et les bactéries de ces contrées, cherchant les zones plus profondes, se dirigent donc vers le sud. La synthèse de la magnétite et de la greigite, effectuée à partir du fer de l'environnement, est contrôlée génétiquement.

Ayant découvert un magnétorécepteur dans des bactéries, on en chercha chez d'autres espèces vivantes, en commençant par les espèces migratrices, pour lesquelles l'orientation est importante. On identifia des chaînes de cristaux de magnétite dans le crâne d'une espèce de saumon[2], chez les pigeons voyageurs, les dauphins et les abeilles.

On trouva également de la magnétite dans le cerveau d'une tortue de mer, le caret (*Caretta caretta*). Les jeunes tortues, quittant les côtes de Floride et des Antilles, sont entraînées vers l'est par le Gulf Stream ; arrivées à la latitude du Portugal, évitant la branche nord du courant qui les emmènerait vers les eaux froides des côtes anglaises, elles empruntent la branche sud, qui les ramène vers la mer des Sargasses, où elles trouvent une nourriture abondante et où elles séjournent quelques années, avant de retourner pondre dans leur région natale. Il semble que ces tortues surveillent la valeur de l'inclinaison magnétique ; lorsque celle-ci atteint 60°, à la fourche du courant, elles retournent vers la mer des Sargasses. Lorsqu'elles sont prêtes à se reproduire, elles recherchent l'inclinaison magnétique de leur lieu de naissance[3].

Il apparaît maintenant que les espèces migratrices ne se fient pas à une seule méthode d'orientation. Les pigeons voyageurs et les oiseaux migrateurs se dirigent essentiellement d'après le Soleil ou la polarisation de la lumière du ciel, et ce n'est que par temps couvert qu'ils utiliseraient leur « compas magnétique »[4].

Pour en terminer avec le biomagnétisme, nous ne pouvons résister au plaisir de citer une brève d'*Ouest France*, en date du

7 août 2011 : « Le corps d'un garçon joue le rôle d'un aimant… N'importe quel objet de métal peut tenir tout seul sur le corps de Paulo David, 11 ans, au Brésil. Le garçon a montré son pouvoir à la télévision ! C'est bizarre, mais les médecins disent que ce n'est pas dangereux pour sa santé. C'est déjà arrivé à d'autres enfants dans le monde. Comme un aimant, son corps attire tout ce qui comporte du fer : fourchette, ciseaux, casserole, pièce de monnaie… »

Avant de rechercher l'explication de cet étrange phénomène, sans doute est-il à propos de rappeler ce que nous enseigne la *Logique de Port Royal* : « C'est pourquoi quand il s'agit de rechercher les causes des effets extraordinaires que l'on propose, il faut d'abord examiner avec soin, si ces effets sont véritables ; car souvent on se fatigue inutilement à chercher des raisons de choses qui ne sont point[5]. »

Chapitre 10

Le signal du sourcier et le magnétisme

Les articles, ouvrages ou rapports consacrés à la sourcellerie (recherche de l'eau à l'aide d'une baguette) commencent souvent par le constat que chacun sait de quoi il s'agit, ce qui dispense de rappels oiseux ; nous suivrons cette tradition.

La question du signal du sourcier est vieille comme le monde. Mais il convient de rappeler que la recherche des sources et courants d'eau à l'aide d'une baguette divinatoire ou d'un pendule ne doit pas être confondue avec les activités plus larges des radiesthésistes. Ces derniers prétendent retrouver des personnes disparues en faisant osciller un pendule au-dessus d'une carte géographique ou d'une photographie, ou encore utilisent cet instrument à des fins médicales. Cette confusion a beaucoup nui, et nuit encore gravement, à la réputation de la sourcellerie *stricto sensu.* Mais il n'est que trop vrai que les praticiens sont souvent les mêmes.

Nous nous limiterons donc ici à la recherche de l'eau ou de certains objets géologiques de la subsurface. Et, de plus, nous ne discuterons que les explications du signal du sourcier qui font appel au champ magnétique, dans l'acception scientifique du terme. Il suffira donc de consacrer quelques lignes aux travaux du professeur Yves Rocard (1903-1992), physicien et géophysicien, qui fut directeur du laboratoire de physique de l'École normale supérieure[1].

Rocard croyait que les sourciers étaient capables de détecter les circulations d'eau dans le sous-sol et d'en donner une localisation assez précise pour être utile, à l'aide d'une baguette fourchue, dite « furcelle », de coudrier (noisetier) ou de tout autre bois, voire métallique, ou tout aussi bien d'un pendule. Il tenait que l'agent physique en cause, agissant bien sûr sur le sourcier, et non sur son instrument rudimentaire, était un gradient de champ magnétique. Rocard donne l'ordre de grandeur du gradient spatio-temporel de champ magnétique perceptible par un sourcier se déplaçant à pied : une centaine de nanoteslas (nT) par mètre et par seconde. Mais Rocard détectait aussi des voitures à l'arrêt, lui-même étant immobile ; une voiture produit un gradient spatial de l'ordre de 50 nT/m à une distance de 5 m (elle est riche d'éléments métalliques pouvant porter aimantations rémanente et induite).

Pour tenter d'établir que le sourcier est capable de détecter, de façon répétée, un gradient de champ magnétique de l'ordre de la centaine de nT/m, Rocard multiplia les expériences tendant à montrer qu'un sourcier est sensible à un champ magnétique, utilisant des sources variées, voitures (omniprésentes), spires alimentées par des batteries..., en multipliant aussi les apprentis sourciers. Il en tira une conclusion inattendue : la moitié de la population est sensible au signal magnétique. Mais cette sensibilité varierait grandement d'un sujet à l'autre : un bon sourcier détecte aisément ce qu'un autre, médiocre, ne distingue pas. Notons que ces inégalités de sensibilité sont bien connues dans les campagnes.

Si l'on admet ce point essentiel de la théorie de Rocard, on doit alors se demander si des gradients de champ magnétique naturels se rencontrent à la surface du sol, où évolue le sourcier, et si certains d'entre eux sont produits par des circulations d'eau. La réponse est deux fois oui. Des potentiels électriques, dits spontanés, sont omniprésents dans le sol. Parmi eux, on trouve les potentiels créés par des circulations d'eau dans le milieu poreux qu'est le sol. Ces « potentiels d'électrofiltration » produisent des courants électriques qui se ferment dans le milieu environnant, toujours conducteur (à l'instar d'une pile débitant dans un circuit extérieur). Ils produisent un champ magnétique, qui peut parfois être détecté à la surface du sol. Le calcul en est difficile et il faut se contenter d'ordres de grandeur, mais ils sont compatibles avec ceux qui ont été évoqués plus haut.

Mais quel est le mode d'action du champ magnétique sur le sourcier ? Quels sont les organes impliqués ? Rocard, en 1964, avançait très prudemment quelques hypothèses, pour conclure qu'« une découverte physiologique reste à faire[2] ». En 1989, frappé par la découverte de magnétite dans le corps humain (voir chapitre 9), il pensa avoir mis en évidence, à l'aide de rotations du pendule, des centres récepteurs magnétiques dans le talon, le genou, le coude, etc.[3].

Il n'est sans doute pas inintéressant de rappeler ici que, vers la fin du XVIIIe siècle, un jeune paysan dauphinois, Barthélemy Bleton, devint célèbre par son talent d'« hydroscope ». Le docteur Pierre Thouvenel (1747-1815), médecin inspecteur des eaux minérales de Contrexéville, ayant entendu parler de Bleton, le fit venir en Lorraine en 1780, pour le soumettre à des épreuves propres à vérifier son aptitude à découvrir des sources. Thouvenel fut convaincu et publia un ouvrage relatant ses expériences[4]. Il émit l'hypothèse que des « torrents d'émanations » électriques s'élevaient des eaux souterraines et, en pénétrant dans le corps du sourcier par les pieds, les yeux ou les poumons, y produisaient une commotion. « Mais, écrit Thouvenel, ce qui paroît d'avance annoncer d'heureux succès dans les recherches du genre électrique sur Bleton, c'est qu'en isolant en quelque sorte cet homme placé sur des sources, par des morceaux d'étoffe de soie & de toile cirée, ou bien par des bouts de planche fortement enduits de cire ou de poix-résine ou enfin avec des isoloirs de verre, mis sous les pieds, il ne ressent presque plus les impressions de l'eau[5]. » En appendice à son ouvrage, Thouvenel donnait de nombreuses attestations documentées de personnes de qualité qui avaient fait appel à Bleton, avec succès, pour découvrir des sources dans leurs domaines.

Pour l'astronome Jérôme de Lalande (1732-1807), Bleton était un imposteur. Dans une lettre au *Journal des savans*, il écrivit que Bleton « rencontra un médecin connu et estimable sans doute, qui, peu accoutumé à examiner des charlatans regarda comme une chose extraordinaire les mouvements de Bleton et de sa baguette, et en prit l'occasion de composer un livre de 300 pages. » Lalande poursuivait : « Suivant les principes de la nouvelle explication électrico-magnétique, Bleton ne devait rien éprouver quand il était sur un isoloir de verre ou de résine : on l'y fait monter plusieurs fois et il avait grand soin de ne pas trembler. Mais M. Charles[6] ayant eu l'adresse de détruire l'isolement par une communication qu'il établissait entre Bleton et l'aqueduc, il eut la satisfaction de voir que les convulsions ne revenaient point et que Bleton s'obstina à rester tranquille tant qu'il se crut véritablement isolé. Si l'on avait besoin de preuves, un fait de cette espèce prouverait bien plus que mille autres, dont les spectateurs n'ont pas été à portée de vérifier, de discuter, de contredire[7]. » Certes, mais Thouvenel rapporte avoir fait une expérience semblable, en laissant ignorer à Bleton s'il était isolé ou non. Rocard, en revanche, qui tenait pour le magnétisme, et non l'électricité, concluait de ses expériences que le port de semelles isolantes n'affectait en rien les pouvoirs du sourcier.

Le chimiste Michel Eugène Chevreul (1786-1889) rapporta, entre autres, les conclusions de Thouvenel, mais pas plus que Lalande il n'y ajoutait foi[8] : « Il est évident à mes yeux que la cause du mouvement de la baguette n'appartient pas au monde physique, mais au monde moral. [...] Je pense que, dans la plupart des cas où la baguette est tenue par un homme probe et qui a foi en elle, le mouvement est la conséquence d'un acte de la pensée de cet homme. » Chevreul pensait que les mouvements de la baguette ou du pendule étaient dus à

« une action musculaire qui n'est pas le produit de la volonté, mais le résultat d'une pensée qui se porte sur un phénomène du monde extérieur, sans préoccupation de l'action musculaire indispensable à la manifestation du phénomène. »

Le « système d'explication » de Rocard rencontra « beaucoup de scepticisme chez ses collègues physiciens, scepticisme fondé sur une sorte de rationalisme excessif qui les fait se méfier de l'existence même de tout phénomène qui serait appréciable seulement par les sens et qui échapperait aux instruments de mesure… On exclut la sourcellerie du réel parce qu'on la croit exclue des connaissances. » Il fut, dit-il, mieux reçu chez les physiologistes.

S'il est vrai que le gradient de champ magnétique est l'agent physique responsable, on peut raisonnablement penser que la sensibilité à cet agent puisse varier d'un individu à un autre.

Certes, de nombreuses expériences semblent bien démontrer que les succès des sourciers sont dus au hasard. Cependant, leurs protocoles expérimentaux restent sujets à critique[9], et ces expériences ont, le plus souvent, mélangé sourciers et radiesthésistes prétendant retrouver des objets variés[10]… Mais Rocard n'avait-il pas lui-même donné des verges pour se faire battre, en abandonnant la prudence dont il avait fait preuve en 1964 et en se lançant, près de trente ans plus tard, dans des déclarations dont il eût été mieux inspiré de s'abstenir ?

Quoi qu'il en soit, les sourciers dans nos campagnes rencontrent toujours le succès et on en parlera encore longtemps. Comme Chevreul, on les soupçonne souvent d'être le jouet de phénomènes d'autosuggestion. En dépit du grand nombre de recherches sur la sourcellerie, son statut demeure controversé, en raison essentiellement du manque de rigueur des procédures expérimentales employées[11]. Mais qui aura vu opérer un excellent sourcier (de ceux qui sont constamment sollicités, dont la réputation dépasse les limites du canton) et constaté la violence des manifestations de son instrument (baguette ou pendule ; rappelons que c'est le sourcier qui est le détecteur) trouvera l'objection bien faible et désirera en savoir plus.

Chapitre 11

La mesure du magnétisme terrestre

À partir de la fin du XVIIe siècle, la science du magnétisme de la Terre (on dit aujourd'hui « géomagnétisme ») se distingue de celle du magnétisme *lato sensu.* Nous allons faire dans ce chapitre une revue rapide des étapes de la constitution du géomagnétisme au cours des XVIIIe et XIXe siècles, en nous attardant d'abord sur les premières mesures de la force magnétique de la Terre, avant de nous arrêter plus longuement sur l'œuvre de Carl Friedrich Gauss, qui peut être considéré comme le père fondateur du géomagnétisme[1].

Avant de comprendre le magnétisme de la Terre, il fallait le connaître. Et tout naturellement, commencer par étudier ses propriétés spatiales et temporelles. Vaste programme, qui se poursuit à ce jour.

Les mesures relatives d'intensité magnétique : Mallet, Lamanon, Humboldt et Rossel

L'intensité du champ, ou force magnétique[2], en un point donné est, nous l'avons vu (chapitre 6), proportionnelle au carré du nombre d'oscillations d'une aiguille d'inclinaison pendant un temps donné en ce point.

L'astronome genevois Jacques-André Mallet[3] (1740-1790), qui fonda plus tard l'Observatoire de Genève, fut envoyé en Laponie russe par l'Académie des sciences de Saint-Pétersbourg pour observer le passage de Vénus sur le Soleil le 3 juin 1769. Il établit sa station à Ponoi (67° 4′ N, 41°E), petit village de la péninsule de Kola. À cause des nuages, il ne put que voir l'entrée de Vénus sur le disque solaire, mais, comme il était d'usage, il fit également des observations météorologiques et des mesures magnétiques[4]. Il nota, en particulier, qu'il fallait 14 secondes pour que l'aiguille aimantée accomplît quatre oscillations. À son retour à Saint-Pétersbourg (59° 56′ N, 30° 19′ E), cinq mois plus tard, il refit cette mesure et trouva exactement le même résultat. Il en déduisit, non pas que l'intensité du magnétisme terrestre fût indépendante de la latitude, mais que la force magnétique (*vis magnetica*) de son aiguille n'avait pas varié en cinq mois. De fait, il semble bien que Mallet ait attribué la force magnétique non pas à la Terre, mais à l'aiguille aimantée.

Humboldt, cependant, lui accorde le crédit d'avoir mesuré l'intensité du magnétisme terrestre : « La première tentative pour évaluer l'intensité du magnétisme sur des points très distants de la surface terrestre, d'après le nombre des oscillations accomplies dans un temps donné, fut faite par Mallet en 1769. Il trouva, avec des appareils fort imparfaits, que le nombre des oscillations était exactement le même à Pétersbourg par 59° 56′ de latitude et à Paris [Humboldt écrit "Paris" au lieu de "Ponoi" !] par 67° 4′ : d'où naquit le préjugé, qui se propagea jusqu'à Cavendish, que l'intensité de la force magnétique est égale sous toutes ces zones. Ainsi qu'il me l'a souvent raconté lui-même, Borda[5], guidé par des considérations théoriques, s'était préservé de cette erreur. Mais le frottement de l'aiguille d'inclinaison employée par Borda sur le pivot qui la supportait ne lui permit pas, dans le voyage qu'il fit aux îles Canaries en 1776, de reconnaître les différences d'intensité entre Paris, Toulon, Santa Cruz de Ténériffe et Gorée en Sénégambie, c'est-à-dire sur un espace de 35° de latitude. Lamanon (voir plus loin) le premier constata ces différences avec des instruments perfectionnés durant la malheureuse expédition de La Pérouse (1785 et 1787). Mais, envoyées de Macao au secrétaire perpétuel de l'Académie des sciences de Paris, ses observations restèrent enfouies dans les archives de l'Académie. Les premières observations d'intensité qui aient été rendues publiques, et qui furent faites aussi à la sollicitation de Borda, sont celles que j'ai recueillies durant mon voyage dans les régions équinoxiales du nouveau Continent, de 1798 à 1804. Les expériences faites antérieurement, de 1791 à 1794, par mon ami de Rossel[6] dans les mers de l'Inde ont été imprimées quatre ans seulement après mon retour du Mexique. En 1829, j'eus la satisfaction de pouvoir continuer mes recherches relatives à l'intensité et à l'inclinaison magnétique sur une étendue de 188 degrés de longitude depuis la mer du Sud jusqu'à la Dzoungarie chinoise [...]. En latitude, j'ai exploré un espace de 72° depuis 60° de latitude boréale jusqu'à 12° de latitude australe[7]. »

À propos des observations de Lamanon, Humboldt[8] avait noté : « Le capitaine Duperrey possède la copie d'une lettre très importante de Lamanon, adressée au secrétaire perpétuel de l'Académie et oubliée dans l'impression du voyage de Lapérouse. Il y est dit expressément "que la force attractive de l'aimant est moindre dans les tropiques qu'en avançant vers les pôles, et que l'intensité magnétique, déduite du nombre d'oscillations de l'aiguille de la boussole d'inclinaison, change et augmente avec la latitude". Si l'Académie des sciences s'était crue autorisée à devancer le retour, alors espéré, de l'infortuné Lapérouse, et à publier, en 1787, une vérité qui a dû être retrouvée depuis par deux voyageurs complètement étrangers l'un à l'autre, la théorie du magnétisme terrestre n'aurait pas attendu dix-huit ans le progrès dont elle devait être dotée par la découverte d'une nouvelle classe de phénomènes[9]. »

Jean Honoré Robert de Paul, chevalier de Lamanon (1752-1787) (**Fig. 13**), correspondant de Condorcet à l'Académie des sciences, faisait partie, en tant que naturaliste, de l'expédition autour du monde de La Pérouse. Destiné à l'état ecclésiastique, Lamanon avait abandonné le séminaire en 1774 pour se consacrer à l'étude de la géologie[10]. Comme le professeur saxon de Freiberg Abraham Gottlob Werner (1749-1817), et sans doute avant lui, Lamanon était « neptunien » et pensait que toutes les roches avaient été déposées par l'eau, comme le calcaire. Disciple de Rousseau, il avait forgé le verbe *litholiser* sur le modèle d'*herboriser.* La majorité de ses écrits a malheureusement été perdue[11]. Intéressé par les fossiles de grands animaux, Lamanon fut, avant Georges Cuvier (1769-1832) qui lui rendit hommage, « l'un de ceux qui signalèrent les premiers tous les ossements fossiles dont les carrières à plâtre de Montmartre et autres pareilles sont remplies[12]. »

Fig. 13. Portrait de Lamanon (Archives de l'Académie des sciences).

Embarqué sur la frégate *La Boussole* (la bien nommée), Lamanon était en particulier chargé des observations météorologiques et magnétiques. Il trouva la mort, massacré par les indigènes des îles Samoa, avec Fleuriot de Langle, commandant *L'Astrolabe*, et dix membres de l'expédition.

L'Académie des sciences avait rédigé un mémoire « pour servir aux Savans embarqués sous les ordres de M. de La Pérouse ». Parmi diverses recommandations relatives aux mesures magnétiques on trouve : « On a reconnu, par des observations faites à Brest, à Cadix, à Ténériffe et à Gorée sur la côte d'Afrique, et ensuite à Brest et à la Guadeloupe, que l'intensité de la force magnétique de l'aiguille était sensiblement la même dans ces différens endroits. L'Académie désirerait que les navigateurs répétassent ces observations sur une plus grande étendue de pays, en estimant la force magnétique par la durée des oscillations d'une bonne aiguille d'inclinaison. »

Bien que ses cercles d'inclinaison fussent de médiocre précision, Lamanon nota dans une lettre à Condorcet, secrétaire perpétuel de l'Académie des sciences : « J'ai observé pendant vingt-quatre heures de suite l'inclinaison de la boussole, pour trouver le moment auquel nous passerions l'équateur magnétique ; et j'ai trouvé le vrai zéro d'inclinaison le 8 octobre [1785] à huit heures du matin par 10° 46′ environ de latitude sud. J'observe des barres de fer que j'ai fait placer sur le vaisseau, d'autres barres de fer qui sont fixes, les oscillations de l'aiguille horizontale et perpendiculaire, le poids que supporte un aimant suivant les latitudes ; enfin j'espère que depuis long-temps on n'aura pas recueilli autant de faits sur cette matière[13]. »

Mais la lettre de Lamanon à Condorcet « oubliée dans l'impression du voyage de Lapérouse », celle que Humboldt supposait enfouie dans les archives de l'Académie, et dont il avait vu la copie que possédait le capitaine de vaisseau Louis Isidore Duperrey[14] (1786-1865) resta longtemps introuvable, comme d'ailleurs la copie consultée par Humboldt. C'est seulement en 2001 que la Bibliothèque nationale de France eut l'occasion de faire l'acquisition d'un ouvrage du navigateur

Charles Pierre Claret de Fleurieu (1738-1810), qui fut ministre de la Marine en 1790, à la suite duquel étaient reliées dix pièces manuscrites, dont la copie du fameux mémoire de Lamanon, en marge de laquelle figuraient des annotations de Duperrey[15]. On notera, au passage, que la phrase disant « expressément » que la force magnétique change avec la latitude, textuellement citée par Humboldt, ne figure pas, comme le laisse entendre celui-ci, dans la lettre de Lamanon, mais constitue une note marginale signée par Duperrey.

Afin de bien juger de l'importance de la contribution de Lamanon, il paraît utile de citer des passages de sa lettre, datée de Macao en janvier 1787[16]. Comme le faisait tout le monde, Lamanon mesurait l'intensité magnétique, en comptant les oscillations de l'aiguille aimantée.

« J'ai d'abord observé, Monsieur, la durée et le nombre des oscillations de l'aiguille d'inclinaison, et c'est à Ténériffe par [...] 21° 28′ de latitude[17] que j'ai commencé les observations de ce genre. J'y ai remarqué sept oscillations dans l'espace de 18 secondes, je n'ai pas trouvé de différence sous l'équateur, mais à 5° 57′ de latitude australe [...] j'ai aperçu un changement dans le nombre des oscillations. Il n'y en a eu que cinq avant que l'aiguille se fixât. [...] Le lendemain étant par 8° 5′ de latitude [...], j'ai observé qu'il n'y avait que quatre oscillations et qu'elles avaient lieu dans onze secondes [...]. J'ai répété tous les jours la même observation jusqu'à la rencontre de l'équateur magnétique et il n'y a jamais eu de différence dans les résultats. »

Lamanon conclut : « Il suit qu'à juger de l'intensité du magnétisme par le nombre et la durée des oscillations de l'aiguille d'inclinaison, elle serait la même depuis les hautes latitudes nord et sud jusqu'assez avant entre les tropiques, où elle subirait un changement considérable. »

Les difficultés des expériences et les imperfections des appareils étaient telles que l'on peut pardonner à Lamanon de ne pas avoir vu que l'intensité du magnétisme terrestre varie avec la latitude de façon continue, mais ne reste pas constante «jusqu'assez avant entre les tropiques» avant de changer brutalement. Mais Borda n'avait pas vu de différence sur un espace de 35° de latitude, et Humboldt, plus tard, trouva la même intensité à Paris et à La Havane, qui diffèrent en latitude d'environ 25°[18].

Lamanon s'intéressait ensuite aux propriétés de l'aimant: «L'attraction du fer par l'aimant n'est pas la même en tous les lieux. Un barreau aimanté qui soulevait à Paris un poids de huit onces[19] [244,17 g] en a soulevé un de huit onces quatre gros 21 grains [260,56 g], au-delà du cap Horn. Le même barreau par 40 minutes latitude nord dans la mer du Sud ne supportait qu'un poids de 6 onces 6 gros 12 grains [207,10 g]. Dans le nord de la mer du Sud près de la côte d'Amérique par 58° latitude il soulevait 8 onces 6 gros 7 grains [267,46 g]. Vous sentez, Monsieur, que ces expériences ne sont que des à peu près où qu'on est [*sic*] obligé d'aller en tâtonnant pour trouver le point de contact entre l'aimant et le fer qui soit les plus favorables. On ne peut regarder le nombre des grains supportés comme mesure de l'intensité de l'aimant. Il résulte cependant de ces observations que la force attractive de l'aimant est moindre à l'équateur qu'en avançant des pôles. Je n'ai pas trouvé qu'un pôle du barreau portât plus ou moins que l'autre.»

Puis, Lamanon décrivait les observations des barres de fer auxquelles il faisait allusion dans l'extrait de la lettre publié dans les *Voyages* de La Pérouse. Il s'agissait d'expériences imaginées par Nicolas-Philippe Ledru (1731-1807), physicien du roi, qui tenait aussi, boulevard du Temple, un cabinet d'expériences électriques et de fantasmagories sous le nom de Comus. Ledru, dans une pièce manuscrite reliée avec le mémoire de Lamanon, écrivait: «Je suis parvenu après trente-cinq ans de recherches, d'observations et de réflexions à connaître les inclinaisons de toutes les parties du monde [...]. De nouvelles propriétés sur l'aimant inconnues jusqu'à moi m'ont guidé dans mon travail. Je puis assurer que le fluide qui occasionne ces différens phénomènes est le même qui produit tous ceux de la nature[20]. » En vue de « prouver la vérité de son système », il avait adressé à La Pérouse un « Plan des expériences magnétiques à faire dans le voyage autour du monde[21] », qui débute par ces mots : « Les phénomènes magnétiques ne dépendent pas d'un fluide particulier ainsi qu'on l'a cru jusqu'à présent. Ils sont produits par le fluide universel ; l'aimant est le seul corps qui peut nous rendre sensible cet agent ; ainsi que sa direction et sa marche. » La Pérouse lui avait répondu : « Vous n'avez pas un écolier plus zélé que moi, et le mémoire qu'il vous plaira me donner en partant sera suivi de point en point. » Lamanon effectua consciencieusement toutes les expériences prescrites, pour la réalisation desquelles Ledru avait fourni des barreaux. Hélas, c'est peu dire que ces expériences ne firent guère avancer la science du magnétisme.

Enfin Lamanon consacrait le second article de sa lettre, *Du zéro d'inclinaison observé dans l'océan Atlantique et dans la mer du Sud,* à la détermination de l'équateur magnétique. Ici encore, Lamanon se montre un observateur diligent : « Pour connaître, Monsieur, avec plus de précision le moment où l'aiguille d'inclinaison serait à zéro, je l'ai observée constamment à toutes les heures du jour et de la nuit depuis qu'elle marquait un degré d'inclinaison nord jusqu'à ce qu'elle ait indiqué un degré d'inclinaison sud. »

Bien qu'il ait été conscient de l'incertitude sur les résultats des expériences suggérées par Ledru concernant la force des aimants, Lamanon affirma néanmoins : « Il est hors de doute par toutes les observations que je vous ai rapportées dans cette lettre que l'intensité de l'aimant change avec la latitude. » Or, s'il est vrai que l'intensité du champ magnétique terrestre augmente avec la latitude (comme le montrera Gauss, c'est ainsi que se comporte le champ du dipôle magnétique), il est malheureusement hors de doute qu'à la précision des mesures de l'époque, l'aimantation d'un aimant reste identique à toutes les latitudes. Lamanon s'était donc donné beaucoup de mal pour arriver à une conclusion inexacte.

En 1791, une expédition dirigée par Antoine d'Entrecasteaux (1737-1793) fut envoyée à la recherche de La Pérouse. Au cours de l'expédition, Rossel, l'ami de Humboldt, en observant la durée d'une centaine d'oscillations d'une aiguille d'inclinaison, fit six mesures de l'intensité magnétique en des lieux de latitudes différentes. Ces mesures, faites avec le même instrument et les mêmes méthodes, conduisirent aux résultats suivants (dans l'ordre des latitudes N ou S croissantes) : la durée moyenne d'une oscillation est de 2,429 s à Sourabaya (Java), de 2,409 s à Amboine (Moluques), de 2,081 s à Sainte-Croix (Santa Cruz de Ténériffe), de 2,02 s à Brest, de 1,819 s au port du Nord de la Terre de Van Diemen (Tasmanie) et de 1,817 s au port du Sud de la Terre de Van Diemen[22].

Rossel put donc conclure, comme Humboldt, que la force magnétique est plus grande près des pôles qu'à l'équateur (**Fig. 14**).

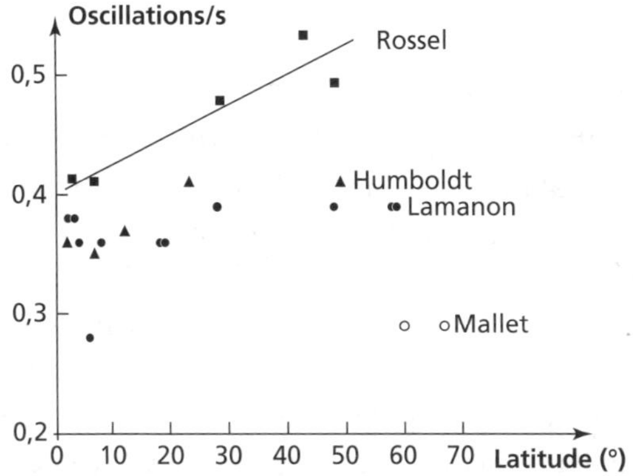

Fig. 14. Variation de l'intensité magnétique en fonction de la latitude, d'après les observations de Mallet, Lamanon, Humboldt et Rossel.

En 1837, le capitaine de vaisseau Duperrey nota que, pour une même valeur de l'inclinaison, l'intensité magnétique était plus grande sur la côte ouest que sur la côte est des États-Unis. Il attribua cette différence au fait que les méridiens magnétiques, qui tendent à être proches de grands cercles en Europe, sont plus proches de petits cercles en Amérique du

Sud[23]. Il montra que les isoclines (lignes d'égale inclinaison) ne sont jamais des lignes d'égale intensité sur toute leur longueur, sauf dans le cas d'une force magnétique parfaitement dipolaire.

La mesure absolue de l'intensité magnétique : Poisson et Gauss

Les mesures de Mallet, Borda, Lamanon, Rossel et Humboldt étaient toutes des mesures relatives. Ainsi, Humboldt rapportait-il toutes ses mesures de l'intensité à l'intensité mesurée à Brest, qu'il prenait pour unité. Tous mesuraient le nombre d'oscillations accomplies en un temps donné par l'aiguille d'une boussole d'inclinaison.

Soient F et F' les forces magnétiques aux points P et P′, n et n' les nombres d'oscillations mesurés en ces points pendant la même durée, on a :

$$F/F' = n^2/n'^2$$

Une autre méthode consiste à mesurer d'abord l'intensité de la composante horizontale H du champ magnétique terrestre à l'aide de la balance de Coulomb. De $MH \propto \sin\alpha$, M étant le moment de l'aiguille et α sa déviation (voir chapitre 6), il vient :

$H/H' = \sin\alpha/\sin\alpha'$ et $F = H\cos I$ (I est l'inclinaison)

Le physicien et mathématicien Siméon Denis Poisson (1781-1840), dans une note de 1825, fut le premier à proposer une mesure absolue de l'intensité de la force magnétique[24]. Il imagina de faire osciller deux aiguilles, d'abord dans le champ terrestre seul, puis chacune dans le champ de l'autre s'ajoutant au champ terrestre, et de mesurer les périodes d'oscillation correspondant à chaque situation. Il aurait ainsi obtenu assez d'équations pour calculer à la fois les moments magnétiques des deux aiguilles et la valeur de la composante horizontale H (la méthode de Poisson se prête aussi à la mesure de la force F). Ce travail de Poisson, sans être ignoré, est pour le moins méconnu, car l'expérience ne fut jamais réalisée. Poisson lui-même, dont la maladresse était bien connue, ne s'y risqua pas.

La découverte du moyen de mesurer, en valeur absolue, la composante horizontale H (la méthode d'oscillation-déviation) est donc attribuée au célèbre mathématicien, astronome et physicien Carl-Friedrich Gauss (1777-1855), qui mérite certainement d'être appelé le père du géomagnétisme et que nous ne pouvons nous dispenser de présenter brièvement.

D'origine modeste, une bourse du duc de Brunswick lui permit de faire des études qu'il poursuivit à l'université de Göttingen. Il soutint une thèse de doctorat en mathématiques en 1799. C'est néanmoins à une chaire d'astronomie à l'université de Göttingen qu'il fut élu en 1807 ; il fut, en même temps, nommé directeur de l'Observatoire de Göttingen. Il avait calculé l'orbite de la petite planète Cérès, entre Mars et Jupiter, découverte par le P. Piazzi le 1er janvier 1800.

Le nom de Gauss apparaît partout en mathématiques et en physique (théorèmes de Gauss, courbure de Gauss, courbe gaussienne, etc.), et sa contribution est particulièrement importante en magnétisme. Comme nous le verrons plus loin, il analysa le champ magnétique terrestre principal en harmoniques sphériques et montra qu'il était d'origine interne. Avec le concours de son jeune ami et collègue Wilhelm Eduard Weber (1804-1891) à l'université de Göttingen, et l'appui de son ami Humboldt, il organisa le premier réseau mondial d'observatoires magnétiques (voir plus bas) et publia, en 1840, un *Atlas du magnétisme terrestre.*

Mais revenons à la méthode d'oscillation-déviation. Gauss posa d'abord le problème avec une grande clarté, dans un mémoire historique[25] : « Le nombre d'oscillations qu'une aiguille accomplit en un temps donné dépend de l'intensité du magnétisme terrestre, de la constitution de l'aiguille, c'est-à-dire du moment statique des éléments de magnétisme libre renfermés dans celle-là, et de son moment d'inertie. Comme le moment d'inertie peut être déterminé sans difficulté, il est visible que l'observation des oscillations fournit le produit de l'intensité du magnétisme terrestre par le moment statique du magnétisme de l'aiguille : mais ces deux quantités ne peuvent être séparées, si ce n'est par des observations étrangères d'un autre genre, qui impliquent une combinaison différente de ces qualités. À cette fin, qu'on approche une seconde aiguille, exposée à la fois au magnétisme terrestre et à celui de la première aiguille, pour qu'on puisse examiner dans quel rapport ces deux actions se tiennent. Chaque action dépendra certes de la distribution du magnétisme libre dans la seconde aiguille, mais, en plus, de la contribution de la première aiguille, de la distance de leurs centres, de la direction de la droite joignant leurs centres par rapport aux axes magnétiques de chaque aiguille, enfin, de la loi que suivent les attractions et les répulsions magnétiques. »

Dans le même passage, Gauss rendait hommage à Coulomb et à Poisson. La publication du travail de Gauss date de 1833, mais l'année précédente, Humboldt écrivait à Arago[26], le priant de lui faire dire s'il avait reçu « une lettre renfermant une traduction que je t'avois faite du travail de M. Gauss sur l'intensité magnétique. [...] M. Gauss met un intérêt peut-être trop grand à ce travail qui l'occupe depuis un an et demi. »

La méthode de Gauss comporte donc deux expériences. Dans la première, on mesure la période d'oscillation T d'un barreau aimanté B suspendu horizontalement par un fil de torsion négligeable. On a :

$$T = 2\pi\sqrt{\frac{J}{MH}}$$

M est le moment magnétique du barreau, J son moment d'inertie et H la composante horizontale du champ magnétique terrestre. Le moment d'inertie se détermine aisément : on a recours à un barreau auxiliaire de même forme, non aimanté, et à un pendule de torsion de constante de torsion C; on a alors $T = 2\pi\sqrt{\frac{J}{C}}$, d'où J. L'expérience d'oscillation fournit donc le produit MH.

Dans la seconde expérience, le même barreau B, dit alors déviant, est placé sur un bras déflecteur horizontal. Son centre O est situé à la distance r du centre O′ d'une aiguille horizontale A de moment m, suspendue (dite déviée), l'axe de B étant dirigé suivant OO′. Dans la « configuration de Gauss », OO′ est perpendiculaire au méridien magnétique. L'aiguille A est déviée d'un angle α par rapport au méridien magnétique. Le champ créé en O′ par le barreau B, selon OO′, est de la forme :

$$2M/r^3(1 + \alpha/r^2 + \ldots) = 2kM/r^3 + \ldots, \text{ avec } k = 1 + \alpha/r^2$$

k est le coefficient magnétométrique, d'autant plus voisin de 1 que la distance r est plus grande et l'aimant B est plus court.

On définit par l'expérience la distance r et le coefficient magnétométrique. En écrivant que les couples exercés sur l'aiguille déviée par le champ terrestre H et le champ du barreau B s'équilibrent, on a :

$$mH \sin\alpha = (2kM/r^3)\, m \cos\alpha$$

d'où :

$$\tan\alpha = 2kM/Hr^3$$

L'expérience de déviation fournit le rapport M/H, ce qui, avec la valeur du produit MH, permet de déterminer H.

La mesure de H par la méthode d'oscillation-déviation de Gauss fut l'expérience de base des observations de magnétisme terrestre jusqu'au milieu du XXe siècle. Seul un observateur habile et entraîné, muni d'un excellent appareil, pouvait atteindre à la précision recherchée alors, soit 1 nT (1 nT = 10^{-9} teslas), ou $0{,}2 \cdot 10^{-4}$ en valeur relative (l'intensité de la composante horizontale du champ terrestre à la latitude de Paris est de l'ordre de 20 000 nT).

Curieusement, les techniques modernes de mesure de l'intensité ne changent guère cet objectif, en dépit de performances a priori très supérieures. C'est que même dans un observatoire le champ n'est jamais tout à fait uniforme ; la valeur utile est une valeur lissée dans un certain volume ce qui rend vaines les décimales d'une mesure ponctuelle quand on s'intéresse au champ en valeur absolue.

Arago et la mesure des variations

À sa sortie de l'École polytechnique, François Arago (1786-1853), fut nommé à l'Observatoire de Paris. En 1806, il participa avec Biot à l'opération de prolongation de la méridienne de France jusqu'aux îles Baléares. Capturé par les pirates barbaresques, et après de nombreuses péripéties, il revint en France en 1809 et fut, la même année, élu à l'Académie des sciences, dont il devint secrétaire perpétuel en 1830. Élu député des Pyrénées Orientales en 1832, il siégea à la gauche de la Chambre et, après la révolution de 1848, il présida la Commission exécutive pendant près de deux mois, ce qui lui assura une place parmi les chefs d'État de la France. Directeur des observations, puis directeur de l'Observatoire de Paris, il s'intéressa à la polarisation de la lumière et collabora avec les physiciens Hippolyte Fizeau et Léon Foucault à la détermination de la vitesse de la lumière. Mais aussi, et c'est ce qui nous intéresse ici, il consacra beaucoup de temps et d'énergie à l'avancement de la science du magnétisme terrestre, qui accapara constamment son attention et nourrit ses réflexions.

« Rien, écrit-il, dans le vaste domaine de la physique du Globe, n'est plus caché, plus incertain, que les causes qui en chaque lieu font varier les trois éléments du champ magnétique terrestre, à savoir la déclinaison, l'inclinaison et l'intensité. Il faut se résigner, à l'époque actuelle, à réunir les mesures qui serviront de base aux recherches de nos successeurs[27]. »

Bien qu'Arago n'ait pas limité son ambition à une compilation, ce fut toutefois une partie importante de son œuvre en géomagnétisme. Il fit, ou fit faire, un nombre considérable de mesures du champ magnétique terrestre : 52 599 mesures de la déclinaison, de 1810 à 1853, remplissant six grands volumes in-folio, un très grand nombre de mesures de l'inclinaison, de 1810 à 1831, et des mesures (relatives) d'intensité, de 1825 à 1829.

Arago s'intéressa à toutes les facettes du géomagnétisme, telles qu'elles se présentaient en son temps. Il étudia longuement les variations temporelles de la déclinaison, et tout d'abord sa variation séculaire. Il avait noté que, d'après les plus anciennes observations faites à Paris, «la déclinaison était d'abord orientale, puis que l'aiguille a marché plus de deux siècles vers l'ouest». À partir de 1810 et jusqu'en 1835, Arago mesura lui-même la déclinaison à l'Observatoire de Paris. «Quelquefois on le voit observer d'heure en heure jusqu'à minuit et demi, et être déjà levé à quatre heures du matin pour reprendre la même œuvre le lendemain. Les lundis, jours des séances de l'Académie, il y a une lacune de 2 heures à 6 heures de l'après-midi.» Les observations étaient faites «au bout du jardin de l'Observatoire, sur une colonne de pierre construite tout exprès».

Dans l'annuaire du Bureau des longitudes de 1814, Arago annonçait que l'aiguille aimantée avait atteint sa déviation maximale vers l'occident: «Depuis cette époque, elle rétrograde vers l'orient, mais avec une grande lenteur tout d'abord. De même que dans la fin de son excursion occidentale sa vitesse était très petite, le commencement de sa course en sens contraire ne saurait être que très peu rapide.»

L'étude de la variation diurne de la déclinaison est sans doute le plus beau travail d'Arago. Après avoir rappelé les études antérieures, depuis la découverte du phénomène par l'horloger britannique George Graham (1673-1751) vers 1720, il résuma le problème: «Tous les physiciens admettent qu'en Europe l'extrémité boréale de l'aiguille aimantée marche tous les jours de l'est à l'ouest, depuis le lever du Soleil jusqu'à une heure après midi et qu'ensuite elle rétrograde vers l'Est; ils admettent aussi que l'étendue de ces oscillations journalières est plus grande en été qu'en hiver. Mais tout cela est-il bien certain? Est-il vrai aussi par exemple que la position géographique ait quelque influence sur ces phénomènes, et que l'aiguille, comme quelques observateurs l'ont cru, se déplace beaucoup moins, toutes les 24 heures près de l'équateur terrestre, que dans nos climats?»

En février 1829, Humboldt lui écrivait: «Je conçois que la marche diurne max. et min. du matin dépendent de la distance du passage du soleil par le méridien de chaque endroit, mais si, la nuit, il [y] a quelque mouvement dans l'intérieur du globe, cette cause agissant simultanément à Paris, Berlin et Casan devrait dans ses effets être affectée de la différence de longitude. En observant dans plusieurs saisons quelques jours simultanément on devroit distinguer si il y a alors ces effets[28].» Un mois plus tard, il revenait sur ce point: «S'il y a du tapage dans l'intérieur du globe, il faudra examiner, si l'on ne peut distinguer (dans les obs. correspondantes) les phénomènes dépendant seulement du tems vrai, de distance de midi (comme le min. et max. matinal) et les phénomènes dans lesquels la différence de longitude doit agir. Ces derniers pourroient être plus sensibles lorsque le soleil est sous l'horizont et ne gouverne plus[29].»

Pour prédire la marche de l'aiguille dans l'hémisphère Sud, Arago usa d'un raisonnement de symétrie, fondé sur l'idée que notre hémisphère ne peut avoir, à cet égard, aucun privilège. Ce qu'éprouve la pointe nord de l'aiguille dans l'hémisphère Nord doit être éprouvé par la pointe sud de l'aiguille dans l'hémisphère Sud. Pour s'en assurer, il persuada, en 1836, le jeune Antoine d'Abbadie (1810-1897), curieux de science et de voyages[30], de s'embarquer pour l'Amérique du Sud afin d'y mesurer la variation diurne. D'Abbadie raconta: «François Arago, qui tenait alors le sceptre de la physique, ayant appris que je voulais explorer l'Afrique sans invoquer le secours du gouvernement, m'engagea à suspendre au moins l'exécution de mon projet pour aller étudier, sur une côte orientale, les variations diurnes de l'aiguille aimantée. On devait décider ainsi, disait-il, et en quelques semaines d'observations, si le soleil agit sur l'aiguille comme source de chaleur ou comme source de magnétisme[31].»

D'Abbadie passa deux mois à Olinda, dans l'État de Pernambouc, au Brésil. Le 26 juillet 1837, au cours d'une séance du Bureau des longitudes, Arago annonça le retour de d'Abbadie qui avait vérifié que la variation diurne de la déclinaison avait complètement changé du moment où le Soleil avait passé d'un côté du zénith à l'autre. Arago y vit la confirmation de son idée que les variations diurnes de l'aiguille aimantée étaient liées à la marche du Soleil, ce qui est en effet le cas.

Arago observa qu'à Paris, l'aiguille horizontale a généralement une marche très régulière : « Les heures des minima et maxima de déclinaison sont si constantes qu'on pourrait s'en servir pour régler sa montre à un quart d'heure près ». Il définit l'amplitude de la variation diurne comme la différence entre la plus grande et la plus petite déclinaison du jour, en calcula les moyennes mensuelles et les organisa en un tableau : les 12 mois selon les colonnes, les années suivant les lignes. Il nota, en faisant la moyenne des colonnes, que le maximum moyen de l'amplitude de la variation diurne a lieu en avril, que le minimum moyen se situe en décembre, mais que le phénomène est très variable pour un même mois dans les différentes années (l'amplitude varie de 3′ à 17′). Eût-il pris le soin de considérer les moyennes selon les lignes et d'en faire un graphique, il eût mis en évidence l'influence du cycle solaire sur l'amplitude de la variation diurne de la déclinaison. On retrouva plus tard ce résultat et Charles Maurain l'étendit jusqu'en 1923.

En plus des variations diurnes et séculaires que nous venons de décrire, « l'aiguille magnétique, dit Arago, [est aussi] assujettie à des oscillations annuelles, découvertes par Cassini IV[32] qui paraissent liées aux positions du Soleil relativement aux équinoxes et aux solstices ». Arago décrit la marche de l'aiguille au long de l'année, sans jamais présenter de graphique : durant les trois mois compris entre l'équinoxe de printemps et le solstice d'été, l'aiguille rétrograde vers l'est ; dans les neuf mois suivants, sa marche générale est dirigée vers l'ouest. Cependant, les observations sont discordantes, car la variation annuelle est faible (quelques nanoteslas d'amplitude) et que s'y superposent des variations de plus courte période, mais de plus grande amplitude, comme la variation diurne et les variations d'agitation. Arago donna une interprétation de la variabilité de l'onde annuelle qui ne tenait pas. Par ailleurs, on ne comprend toujours pas très bien aujourd'hui cette variation annuelle ; sa géométrie est capricieuse, et sa phase et son amplitude varient dans le temps.

Arago s'intéressa encore aux variations de l'intensité magnétique avec l'altitude, un problème important qui donnait lieu à controverse. Le naturaliste genevois Horace Bénédict de Saussure (1740-1799) qui avait, le premier, effectué des observations scientifiques lors de son ascension du mont Blanc en 1787, avait cru remarquer que l'intensité diminuait lorsque l'altitude augmentait. Biot et Gay-Lussac voulurent vérifier si, aux altitudes auxquelles on pouvait parvenir en ballon, la « force magnétique » était plus faible qu'à la surface de la Terre. Ils s'élevèrent le 6 fructidor de l'an XII [17 août 1804] à 10 heures du matin. Ils notèrent : « La propriété magnétique n'éprouve aucune diminution appréciable depuis la surface de la terre jusqu'à 4 000 mètres de hauteur ; son action dans ces limites, se manifeste constamment par les mêmes effets et suivant les mêmes lois[33]. » Cette observation fut confirmée par Gay-Lussac qui monta seul, un mois plus tard, jusqu'à l'altitude de 6 977 m. Mais les difficultés de la mesure en ballon laissaient encore planer quelque doute et Arago conclut : « Nous croyons donc que la comparaison de l'intensité magnétique, au bas et au sommet des montagnes, doit être spécialement recommandée aux observateurs dans les diverses latitudes. » On sait maintenant que l'intensité magnétique décroît lorsque l'altitude croît.

Arago étudia les aurores boréales et leur influence sur l'aiguille aimantée, qu'il affirme avoir mise en évidence dès 1819 : « J'ai recueilli avec soin, pendant plus de dix ans, toutes les observations d'aurores boréales pour les rapprocher des observations de déclinaison, d'inclinaison, d'intensité ; j'ai trouvé que les trois principaux phénomènes de l'aiguille aimantée étaient influencés par les aurores boréales, et que les actions constatées s'observaient lors même que les aurores étaient invisibles dans le lieu même d'observation. Les résultats que j'ai obtenus furent contestés par plusieurs physiciens ; c'est la loi invariable que doivent subir toutes les découvertes.» Sans doute Arago faisait-il là allusion à un mémoire du physicien d'Édimbourg Sir David Brewster (1781-1868), qui contestait violemment ses thèses.

En 1835, son ami Humboldt lui écrivait[34]: «Le 7 février 1835, les variations de direction dans l'aiguille magnétique horizontale de Göttingue, surpassèrent tout ce que M. Gauss avoit vu jusque-là: elles s'élevèrent à 6 minutes en arc en une minute de temps! Eh bien! ce même 7 février, M. Feid, professeur de physique à Braunsberg (Prusse-Orientale), observoit une belle aurore boréale qu'il a décrite dans le journal de Poggendorf.»

La corrélation, notée par Arago et Humboldt, entre aurores polaires et activité magnétique est réelle, mais complexe, et l'on n'a pas de correspondance terme à terme entre une aurore et un orage magnétique, caractérisé par des variations intenses (jusqu'à des centaines de nT) et désordonnées de la direction de l'aiguille aimentée, ce qui peut expliquer que la découverte d'Arago n'ait pas convaincu tout le monde. Notons, en particulier, que le P. Maximilian Hell (1720-1792), astronome de Vienne, alors qu'il observait le passage de Vénus de 1769 en Laponie, y avait effectué de nombreuses mesures magnétiques. Il n'avait pas trouvé de relation entre les aurores boréales et l'agitation de l'aiguille, et en avait conclu que les aurores étaient un phénomène purement météorologique, dû à l'éclairement par le Soleil de fines particules de glace dans l'atmosphère[35].

On sait aujourd'hui que les aurores polaires (boréales et australes) sont dues aux particules électriquement chargées (électrons et protons) du vent solaire. Lorsqu'elles arrivent à proximité de la Terre, ces particules sont guidées par les lignes de force du champ magnétique et se précipitent vers les zones aurorales, autour des pôles magnétiques. Elles excitent alors les atomes de gaz (azote, oxygène, hydrogène) de l'ionosphère qui, en se désexcitant, émettent de la lumière, dont la couleur dépend des atomes excités. Cette hypothèse, proposée en 1879 par Henri Becquerel (1852-1908), fut vérifiée expérimentalement en 1896 par le physicien norvégien Kristian Birkeland (1867-1917). Celui-ci écrivit (en français[36]) : « Il semble qu'il doive y avoir un intérêt considérable à examiner quels phénomènes on observera en exposant un globe magnétique à des rayons cathodiques [électrons] dans de l'air raréfié [vide partiel]. [...] L'électroaimant sphérique qui devait représenter la Terre était entouré d'une mince écorce en laiton recouverte d'une couche de cyanure double de baryum et de platine (**Fig. 15**). Elle avait dans la première expérience un diamètre de 40 mm et de 75 mm dans la seconde. Le fer de l'un des pôles [du noyau de fer doux de l'électroaimant] était creusé à la fraise à peu près en conformité avec la carte de Neumayer représentant les lignes isodynamiques de l'hémisphère boréal. [...] La sphère électromagnétique était, dans mon expérience, exposée à un courant de rayons cathodiques à peu près parallèles. [...] Aussitôt qu'on met l'électroaimant sphérique en activité, les rayons cathodiques qui avaient d'abord donné lieu à une phosphorescence régulière de l'hémisphère tourné vers la cathode, sont écartés de la surface de la sphère, sauf en certains endroits des régions polaires. On voit ici, au pôle nord comme au pôle sud, les rayons aspirés former un coin de lumières à structure rayonnée pouvant s'observer distinctement jusqu'à 5 cm de la sphère, et se précipitant obliquement sur le globe. [...] Les coins lumineux en question se maintiennent sans grande variation pendant la rotation diurne de la "petite Terre"[37]. »

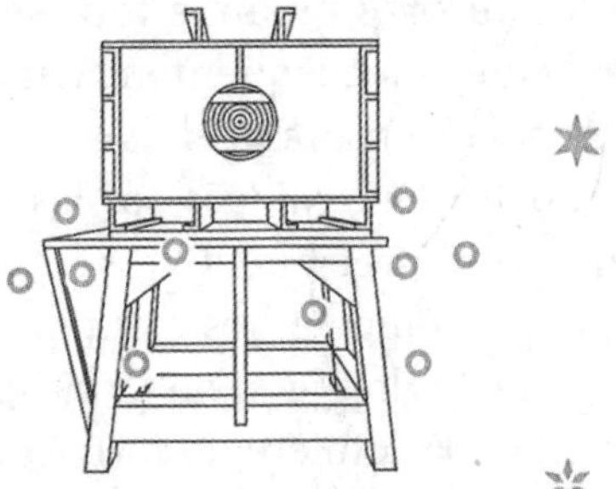

Fig. 15. Une représentation de la *Terrella* de Birkeland, figurant sur les billets de 200 couronnes norvégiennes à l'effigie de Birkeland.

Finalement, dans l'œuvre d'Arago, on ne trouve peut-être pas de jalon marquant dans la marche de la science du géomagnétisme. Arago ne s'attacha pas à l'interprétation des données, mais il fut un infatigable observateur des variations du champ magnétique terrestre et le premier à établir clairement les caractéristiques de maints phénomènes.

Les cartes magnétiques

Il était naturel, avant d'aborder la théorie de l'état magnétique du globe, de chercher à en décrire au mieux la distribution.

D'après Humboldt, ce serait le cartographe et navigateur Alonzo de Santa Cruz (1505-1567) qui aurait « tracé les premières cartes de variations magnétiques dans la première moitié du XVIe siècle[38] ».

Edmond Halley, dont nous avons déjà parlé, entreprit, à bord du *Paramore,* d'établir le premier réseau magnétique global. Les cartes de Halley des isogones (lignes d'égale valeur de la déclinaison) de l'Atlantique (1701), puis du monde (1702), sont des documents fondateurs du géomagnétisme.

Aux alentours de 1720, le mathématicien anglais William Whiston (1667-1752) dressa la première carte de l'inclinaison (isoclines) couvrant le sud-ouest de l'Angleterre et la côte de Normandie. Il pensait que la variation séculaire plus faible de l'inclinaison ferait des isoclines un meilleur instrument que les isogones pour déterminer la longitude. La première carte mondiale des isoclines, reposant bien sûr sur des données disparates, fut publiée par le physicien suédois Johann Carl Wilcke (1732-1796) en 1768, à Stockholm[39].

En 1819, l'astronome norvégien Christopher Hansteen (1784-1873), professeur à l'université et directeur de l'Observatoire de Christiania, publia ses « Recherches sur le magnétisme terrestre[40] », suivies d'un supplément, « Observations sur la déclinaison et l'inclinaison de l'aiguille aimantée », et d'un atlas. Hansteen poursuivit ses observations pendant de nombreuses années. Comme Halley avant lui, il pensait qu'il y avait quatre pôles magnétiques.

En 1836, Gauss et Weber fondèrent, avec le soutien de Humboldt, le premier réseau mondial d'observatoires magnétiques : l'Union magnétique de Göttingen (*Der Göttinger magnetischer Verein*). Les mesures de 50 observatoires, dont 35 en Europe, faites de 1836 à 1841, furent progressivement publiées au cours de ces six années.

Les savants anglais se rendaient compte que les travaux de Humboldt, Gauss, Hansteen et Arago donnaient une avance à la science continentale dans le domaine du géomagnétisme, ce qui ne manquait pas de les irriter. Ils considéraient en effet que les mesures magnétiques étaient une province britannique ; l'Angleterre ne pouvait évidemment pas rester à la traîne du continent[41]. En fait, dès 1836, Humboldt avait écrit au président de la Royal Society pour inciter l'Angleterre à établir de nouveaux observatoires magnétiques afin de compléter le réseau mis en place par Gauss[42]. Quoi qu'il en soit, en 1839, l'astronome sir Edward Sabine (1788-1883) persuada le gouvernement de s'engager dans la *Magnetic crusade*, qui consista en l'établissement d'observatoires magnétiques à Toronto, Sainte-Hélène, Cape Town et en Tasmanie. C'est également dans le cadre de la *Magnetic crusade* que furent envoyés dans l'Antarctique les vaisseaux *HMS Erebus* et *HMS Terror*, sous le commandement de sir James Clark Ross (1800-1862), qui détermina la position du pôle magnétique sud.

Durant le XIXe siècle, la question de la mesure et des instruments de mesure a donc occupé la plus grande part des travaux sur le magnétisme terrestre. À tel point que l'habitude était, jusqu'au milieu du XXe siècle, de considérer comme relativement indépendants les éléments du champ magnétique terrestre parce qu'ils étaient mesurés par des instruments différents. On pouvait perdre de vue qu'ils étaient les composantes d'un même vecteur, ce qui donnait lieu à de surprenantes bévues.

Ces éléments sont traditionnellement au nombre de sept : la composante nord *X*, selon la direction horizontale du nord géographique ; la composante est *Y* ; la composante verticale *Z* selon la verticale descendante du lieu ; la déclinaison *D*, angle entre la direction de la force magnétique dans le plan horizontal et le nord géographique, comptée positivement vers l'est ; l'inclinaison *I*, angle entre la direction de la force magnétique et le plan horizontal, comptée positivement quand l'aiguille pointe vers le bas ; la composante horizontale *H*, valeur de la projection de la force dans le plan horizontal ; et l'intensité de la force, ou force totale, *F*. On peut prendre plusieurs combinaisons de trois éléments indépendants pour définir la force magnétique en grandeur et direction. Un grand nombre d'instruments ingénieux ont été conçus et réalisés, surtout au cours des XIXe et XXe siècles, pour une mesure plus précise et commode des éléments du champ magnétique. Pour la période que couvre notre étude, il nous suffira de rappeler le principe des mesures de *D* et de *I*. Nous avons déjà parlé de la mesure de *H* (voir p. 130).

La mesure de la déclinaison apparaît comme la plus simple ; réalisée à l'aide d'un théodolite magnétique, elle demande toutefois quelque soin. On observe l'azimut d'une aiguille aimantée librement suspendue par un fil sans torsion, le point d'attache étant tel que l'axe de l'aiguille soit horizontal (dans l'hémisphère Nord, pour compenser l'inclinaison, ce point est décalé vers le nord par rapport au milieu de l'aiguille). L'orientation de l'aiguille est alors repérée par rapport au nord géographique du lieu, qui est lui-même déterminé par des visées du Soleil ou des étoiles.

L'inclinaison est mesurée à l'aide d'une boussole d'inclinaison, qui consiste en une aiguille aimantée pouvant librement tourner autour d'un axe horizontal passant par son centre de gravité.

La construction de cartes magnétiques planétaires, prélude nécessaire à l'étude scientifique du magnétisme terrestre, a été l'objet principal des soins des géomagnéticiens du XIXe siècle.

Ce travail a progressé à petits pas, au rythme de la lente accumulation des données. Hors de portée au temps de Gauss, cette construction présentait encore de grandes difficultés à la fin du XIXe siècle, comme l'atteste, dans son traité publié en 1900, Éleuthère Mascart (1837-1908), professeur au Collège de France et directeur du Bureau central météorologique, qui peut être considéré comme le fondateur de la physique du globe française : « Les observations qui servaient de base à l'établissement des cartes étaient encore très irrégulièrement réparties sur toute la Terre, parfois séparées par des distances considérables ; et, ayant été faites à des époques très différentes, elles n'étaient pas directement comparables. Il fallait d'abord rapporter les observations faites en divers lieux à une même époque t, en corrigeant chacune d'entre elles des variations (diurne et surtout séculaire) ; ces corrections étaient bien souvent très approximatives[43]. »

On portait sur un planisphère, en regard des points de mesure, les valeurs mesurées, réduites à une époque commune, de l'élément E du champ ($E = X, Y, Z, H, D, I$ ou F), et on traçait au mieux les courbes d'égale valeur, en faisant des extrapolations souvent hardies.

Les isogones découpent la surface du globe en deux domaines, correspondant aux déclinaisons orientales et occidentales, séparés par une ligne agonique (*i.e.* de déclinaison nulle) passant par les pôles magnétiques et les pôles géographiques (**Fig. 16**). On superposait souvent au système des isogones celui des méridiens magnétiques, tangents en chaque point à la projection du champ dans le plan horizontal, c'est-à-dire à la direction de l'aiguille de la boussole de déclinaison en ce point. Tous les méridiens magnétiques passent par les deux pôles magnétiques, définis par les isogones, au voisinage desquels l'inclinaison tend à être voisine de 90°. Les isoclines épousent d'assez près, presque partout, des petits cercles dont l'axe passe par les pôles magnétiques. L'équateur magnétique (si on le définit comme l'isocline $I = 0$) est assez proche d'un grand cercle ; il sépare le globe terrestre en deux hémisphères où les inclinaisons sont de signe opposé, comme l'avait remarqué Humboldt[44].

Fig. 75. — *Cartes d'isogones pour* 1885,0.

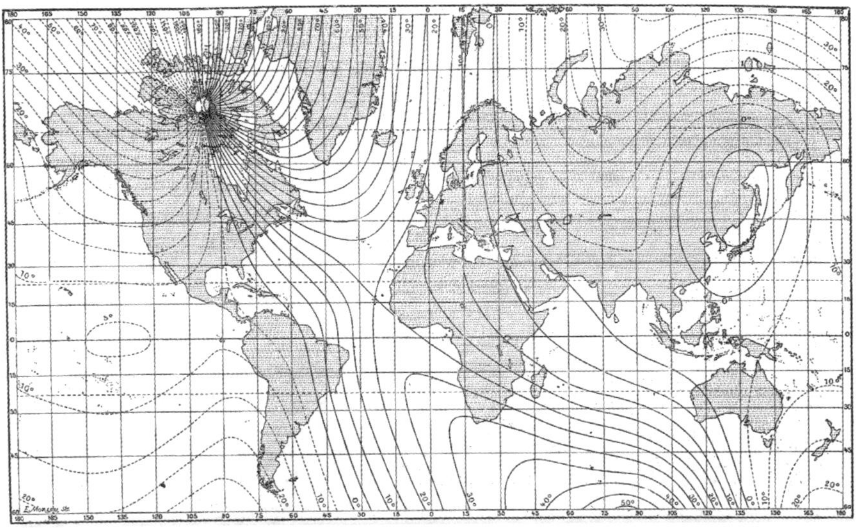

Fig. 16. Carte mondiale des isogones (lignes d'égale déclinaison). Mascart, *Traité de magnétisme terrestre*, 1900.

Le tracé, à la main, des courbes d'égale valeur des éléments magnétiques, était très délicat au voisinage des points singuliers de la distribution (pôles magnétiques). De façon générale, il présentait deux sérieux inconvénients. D'abord, il était difficile de tracer des courbes homogènes : on tendait à tracer des isomagnétiques plus détaillées dans les régions mieux couvertes par les observations. Mais surtout, il était difficile de tenir compte des relations élémentaires qui relient les sept éléments d'un vecteur ($H = F \cos I$, $Y = H \sin D$, etc.), c'est-à-dire de tracer des cartes compatibles, et de celles qui traduisent que le champ est le gradient d'un potentiel. Ces conditions de potentiel ont reçu par la suite beaucoup d'attention et ont été utilisées pour préciser le tracé des courbes isomagnétiques et la définition des pôles magnétiques.

Les satellites magnétiques

Nous avons assez longuement exposé les difficultés rencontrées par les géomagnéticiens dans leur entreprise, multiséculaire, de description et de modélisation du champ magnétique global planétaire. Les satellites magnétiques ont, à partir de 1960, mais surtout de 2000 ; transformé de fond en comble cette opération.

Dès 1960, des satellites de basse altitude (de l'ordre de 400 km pour le périgée), d'orbites fortement elliptiques, ont été lancés pour mesurer le champ magnétique terrestre. Ces premiers satellites mesuraient seulement l'intensité du champ ; leur durée de vie était de quelques mois à quelques années. Le premier satellite qui mesura le champ en grandeur et direction, pendant six mois de 1979 à 1980, fut le satellite *Magsat*, équipé de magnétomètres perfectionnés et de deux caméras à étoiles permettant de mesurer l'orientation du satellite par rapport à la Terre. L'orbite de *Magsat* était presque circulaire et presque polaire (inclinaison de 87°), d'une période de 90 minutes et d'altitude de 550 km à l'apogée. *Magsat* a fourni une couverture homogène, globale et presque complète de la Terre.

Malencontreusement, la période 1980-2000 ne connut aucun satellite magnétique. En 1999 vint le satellite danois *Ørsted*, qui fournit encore aujourd'hui des valeurs de l'intensité du champ. *Ørsted* parcourt son orbite, presque polaire, en quelque 100 minutes, dans un intervalle d'altitudes allant de 640 à 850 km. Puis, en 2000, fut lancé le satellite allemand *Champ*, qui a donné des mesures de grande qualité du champ magnétique (et aussi du champ de gravité) pendant sa durée de vie.

La mission *Swarm*, de l'Agence spatiale européenne, qui sera lancée en 2014, comprendra trois satellites, sur trois orbites polaires différentes, qui mesureront le champ magnétique avec une précision largement supérieure à celle des missions précédentes, grâce à une instrumentation grandement améliorée.

Il est probable que le vide regrettable séparant *Magsat* et *Ørsted* ne se reproduira pas et que, désormais, le champ magnétique de la Terre sera continûment mesuré avec une haute précision, ainsi qu'une grande résolution spatiale et temporelle. Les données satellites fournissent une excellente cartographie du champ terrestre, dont la résolution spatiale n'est limitée que par l'altitude du satellite. Aujourd'hui, des représentations du champ d'origine interne sont calculées, sous la forme de développements en fonctions harmoniques sphériques (http://www.editions-belin.com/magnetisme-appendice), poussées jusqu'au degré 90, décrivant des traits du champ de dimensions supérieures à 450 km. Non seulement le champ principal, mais aussi, pour partie, le champ des anomalies crustales (voir plus loin) sont modélisés. Des mesures aéroportées, voire au sol, demeureront nécessaires pour étudier les anomalies de plus courte dimension, que ce soit pour élucider des problèmes géologiques locaux, mener des recherches pétrolières, minières ou encore archéologiques.

L'observation continue du champ principal permet ainsi désormais la mesure directe du champ et de sa variation séculaire, presque instantanée, en tout point, ce qui est la réalisation d'un vieux rêve. Les pénibles « réductions » dans le temps et l'espace, opérations de base des cartographies magnétiques, ne sont déjà plus qu'un souvenir.

Le XXe siècle a aussi connu de grands progrès dans la qualité, le nombre et l'homogénéité des observatoires magnétiques. Signalons en particulier le réseau international Intermagnet, auquel la France apporte une participation de tout premier plan. Certes, dans l'ère spatiale, leur rôle n'est plus le même qu'auparavant. Les données satellites feront l'essentiel dans l'étude du champ principal, ou champ du noyau. Cependant, les observatoires permettent de reconnaître et d'interpréter des variations temporelles du champ magnétique crustal (le champ produit par les roches de la croûte terrestre, souvent porteuses d'aimantation), de dimensions variables, d'origine tectonique au sens large. Mais surtout, les observatoires apportent un complément irremplaçable aux données des satellites dans l'étude du champ externe (produit par les courants électriques circulant dans l'ionosphère et la magnétosphère, à des altitudes supérieures à 100 km).

Les anomalies locales

Gilbert avait admis que la direction du nord magnétique, ou déclinaison, présentait des variations irrégulières qu'il attribuait à des bosses locales à la surface du globe ; il avait d'ailleurs, pour le montrer, sculpté des montagnes et des bassins océaniques dans sa *Terrella.* Malgré cela, l'idée demeura longtemps que les variations du champ terrestre d'un point à un autre de la surface de la Terre se faisaient sans présenter de changements brusques, d'une manière continue, comme elles se feraient si les causes en étaient notablement éloignées des lieux d'observation. Aussi a-t-on attribué longtemps et souvent à des causes accidentelles les différences constatées entre des mesures voisines.

Cependant, lorsque les observations, faites avec plus de soin, vinrent à former un réseau plus serré, on y trouva au contraire des écarts systématiques et on constata que les courbes isomagnétiques ne présentaient jamais la forme régulière qui était celle des cartes générales planétaires. En 1848, le géologue Joseph Fournet (1801-1869), professeur à la faculté des sciences de Lyon, recensa les observations de ce qu'il appelait les *phénomènes géologico-magnétiques.* Il mentionna en particulier que Karl Kreil (1798-1862), directeur de l'Observatoire de Prague, avait signalé une anomalie dans ses mesures de l'intensité magnétique dans les hautes stations de Silfserjoch et Santa Maria, au cours de sa traversée des Alpes en 1846 : « M. Kreil admet que cette perturbation locale peut provenir du voisinage des minerais de fer qu'on exploite vers ces sommités[45]. » On fit de semblables observations tout au long de la seconde moitié du XIXe siècle en Hongrie, au Tibet, dans le Turkestan, en l'Inde, au Japon, en Russie, en Sicile, en Corse, en Nouvelle Angleterre…

Sans pour autant accorder foi à la légende des montagnes d'aimant qui faisaient sombrer les navires (voir chapitre 1), on notait que d'importants gisements de fer situés près des côtes pouvaient fausser les indications des compas des navires et les faire échouer, comme le rapporte, en 1858, un article du musée des Sciences : « Le 13 du mois de mars, le bateau à vapeur autrichien *Trebisonda* échoua sur un banc de sable situé à l'est du cap Indjé, à environ un mille et demi de Sinope. Grâce aux secours, [il put] être dégagé et continuer sa marche. Le capitaine observa qu'en quittant le point où il s'était échoué, l'aiguille aimantée, qui avait depuis quelque temps dévié d'une manière sensible, reprenait sa marche normale, et il crut pouvoir conclure de ce fait que la boussole lui avait donné une fausse route. [...] On chercha la cause de cette circonstance extraordinaire, et on parvint à découvrir l'existence d'une mine de fer rocheux d'une grande richesse, renfermée dans les masses calcaires qui bordent la mer, à environ 3 milles et demi de Sinope. Les officiers turcs, dans leur rapport, attribuèrent à la présence de cette mine, restée inconnue jusqu'à ce jour, les variations de l'aiguille aimantée qui avaient produit l'échouage du *Trebisonda*[46]. »

Après avoir constaté l'existence de ces perturbations irrégulières, on chercha à séparer le champ des causes locales du champ régulier, dont la définition restait vague. Le plus souvent, on retirait des observations les valeurs d'un polynôme dont le degré et les coefficients étaient ajustés au mieux. On obtenait ainsi le champ résiduel, ou champ d'anomalie. La forme de ce champ résiduel permettait de rechercher la nature et la position des masses qui le produisent. Le problème présente d'ailleurs de grandes difficultés ; la première est l'indétermination fondamentale de la solution : tout champ résiduel peut être interprété, par exemple, comme produit par une distribution superficielle de charges fictives ou de doublets magnétiques.

Les anomalies attribuées à des sources plus profondes (en dépit de l'indétermination mentionnée plus haut) étaient mises en relation avec les traits tectoniques de la région couverte, avec sa géologie locale ou régionale. On progressa, de façon concomitante, dans l'étude du magnétisme des roches[47]. Pour expliquer les perturbations locales, on faisait appel à des roches portant soit une aimantation fossile, soit une aimantation induite par le champ terrestre actuel. On invoquait aussi des discontinuités dans les couches géologiques, capables de dévier et de concentrer les courants électriques telluriques. Ces discontinuités, bien moins influentes que le magnétisme des roches, produisent des anomalies variables dans le temps.

Disons maintenant quelques mots du cas de la France. La première carte magnétique de la France est due à Johann von Lamont (1805-1879[48]). Son réseau de mesure comprenait 57 stations. De 1887 à 1891, Théodule Moureaux (1842-1919), chef du service magnétique de l'Observatoire du Parc Saint-Maur, étendait le réseau à 617 stations et traçait les cartes des éléments magnétiques, rapportées à 1896 par extrapolation des variations temporelles. Moureaux avait constaté, dans la région même de Paris, de Nevers à Fécamp, des « variations imprévues » des éléments magnétiques. Elles formaient la désormais fameuse « anomalie du bassin de Paris[49] ».

En 1891, on pouvait lire, dans la revue *La Nature* relatant une séance de l'Académie des sciences, la notice suivante : « Deux très importants Mémoires de M. Th. Moureaux sont consacrés à l'exposé des résultats fournis par les observations magnétiques que l'auteur a poursuivies dans un très grand nombre de localités de la France, en 1888 et en 1889. Ce n'est d'ailleurs que le commencement de l'établissement d'un réseau qui doit couvrir tout le territoire de la République et dont l'exécution demandera sept ou huit années. Déjà, parmi les résultats, se signale la découverte de cette singulière anomalie magnétique, relative au plateau de Beauce et dont nous avons entretenu nos lecteurs : on peut croire que la géologie autant que la physique du globe aura a bénéficier des beaux travaux de M. Moureaux. »

Au contraire de beaucoup d'anomalies en relation directe avec des reliefs du sol ou le voisinage de roches fortement aimantées, l'anomalie du bassin de Paris semblait devoir être rapportée à des causes plus profondes. Mascart remarqua que si les roches basaltiques très aimantées semblaient avoir une prépondérance dans la cause des anomalies en Angleterre, on ne pouvait guère invoquer les mêmes raisons dans le bassin de Paris, où les terrains sont calcaires, au moins jusqu'à une profondeur considérable. Cette observation tient toujours, mais l'anomalie du bassin de Paris n'a pas encore livré ses secrets. Un sondage profond (3 500 m) réalisé en 1986 a manqué sa cible[50]...

On s'intéressa très tôt à la recherche de gisements métalliques par les observations magnétiques. On obtenait aussi, indirectement, des informations sur les propriétés magnétiques des minerais. Moureaux, par exemple, montra que le fer oxydé oolithique, dont l'exploitation alimentait d'importantes usines en Meurthe-et-Moselle, n'exerçait malheureusement qu'une action très faible sur l'aiguille aimantée[51].

Le grand apport des anomalies magnétiques à la physique du globe vint après 1960, avec le déchiffrement de la formation des fonds océaniques et la cinématique des plaques tectoniques.

Chapitre 12

La théorie du champ principal

Le magnetarium

Tout au long du XIXe siècle, on tenta de percer le mystère de cette force magnétique qui règne à la surface de la planète. Il faut bien reconnaître que les progrès dans la recherche de ses origines furent très lents, plus lents qu'ils ne le furent pour les « variations ». Il suffit pour s'en convaincre de considérer le contenu d'un manuel de la fin du XIXe siècle, par exemple le traité de magnétisme terrestre d'Éleuthère Mascart, publié en 1900 (voir chapitre 11). Dans ce gros ouvrage de 436 pages[1], Mascart n'abordait qu'à la fin, et en passant, le problème de l'origine possible du champ principal. Il se contentait, pour l'essentiel, de rapporter les vues de l'ingénieur électricien anglais Henry Wilde (1833-1919), pour qui « le magnétisme terrestre est formé de deux parties distinctes : l'une invariable, liée à la structure actuelle de la croûte terrestre ; l'autre, due aux courants intérieurs, symétrique autour d'une droite inclinée sur l'axe du monde et qui tourne lentement de l'est à l'ouest[2], par suite de la différence des vitesses de rotation.

On peut supposer d'ailleurs que cette rotation relative traduise, non pas le mouvement même des gaz intérieurs, mais seulement des courants électriques dont ils sont le siège, si cette hypothèse, toutefois, est compatible avec les conditions physiques du milieu. »

Mascart consacrait les dernières pages de son ouvrage au *magnetarium*, l'appareil construit par Wilde, qui permettait « d'imiter avec une exactitude singulière l'état actuel du champ magnétique et ses variations séculaires ». Wilde présenta son *magnetarium* à la Royal Society de Londres le 9 mars 1894 et, en 1897, il en fit l'objet d'une note aux *Comptes rendus* de l'Académie des sciences de Paris, à laquelle nous empruntons la description suivante[3] : « L'instrument se compose de deux globes géographiques, dont l'un tourne à l'intérieur de l'autre. Un fil de cuivre isolé est enroulé autour du globe intérieur, dont l'axe fait un angle de 23° avec l'axe du globe extérieur, de sorte que son équateur tourne dans le plan de l'écliptique. La surface intérieure du globe terrestre est également garnie par enroulement d'un fil isolé, et les surfaces des mers sont doublées d'une mince feuille de fer pour déterminer une différence entre le magnétisme des régions terrestres et maritimes. Les axes sont munis d'anneaux isolés qui tournent avec eux ; des balais de cuivre, en contact avec ces anneaux, servent à faire passer des courants électriques autour des surfaces des globes. Au moyen d'un train épicycloïdal de roues dentées, on donne un lent mouvement différentiel au globe intérieur, grâce auquel les principaux phénomènes du magnétisme terrestre, et les variations séculaires de la déclinaison et de l'inclinaison, qui ont eu lieu pendant les trois derniers siècles à Londres, au cap de Bonne-Espérance, à Sainte-Hélène et à l'île de l'Ascension, sont exactement reproduits. La période de temps qui correspond à une différence d'une révolution dans les rotations des deux sphères est de 960 ans, et le retard annuel de la sphère électrodynamique de 22,5′. Cette période comprend toutes les variations séculaires des éléments magnétiques sur les différentes parties de la surface terrestre. »

En faisant tourner les deux globes à des vitesses différentes, Wilde expliquait la variation séculaire. On ne peut s'empêcher de remarquer que l'idée très ingénieuse, dont le *magnetarium* est la réalisation, n'est finalement autre que l'idée des deux globes par lesquels Halley expliquait la déclinaison. Wilde avait ainsi prédit, pour Londres, les valeurs de la déclinaison jusqu'en 2137 et de l'inclinaison jusqu'en 2200[4].

Cela dit, le *magnetarium* n'apportait guère de lumière sur les phénomènes physiques à l'origine du champ magnétique terrestre.

Notons, pour terminer, que Wilde fonda, en 1897, un prix de l'Académie des sciences de Paris[5]. Le 15 mars 1897, il écrivit à Berthelot, secrétaire perpétuel de l'Académie, une lettre qui fut lue en la séance du 5 avril 1897, et qui se terminait ainsi: « En reconnaissance des nombreux profits que j'ai retirés de la science française, tant pure qu'appliquée, j'ai l'honneur d'offrir à l'Académie la somme de 5 500 livres sterlings (137 500 F), pour être placée en rente française, et l'intérêt provenant de cette somme devra être appliqué à la fondation d'un prix de quatre mille francs, à décerner tous les ans à l'auteur d'une découverte ou d'un ouvrage quelconque en astronomie, physique, chimie, minéralogie, géologie et mécanique. L'attribution de ce prix sera internationale et pourra être rétrospective. »

La représentation du champ principal: Mayer, Biot et Gauss

Dès le début du XIXe siècle, on entreprit de représenter la distribution des observations existantes, dont le nombre allait croissant, par des formules mathématiques plus ou moins élaborées (des modèles) où intervenaient la longitude, la latitude, plus rarement l'altitude, du point d'observation, et le temps quand on voulait représenter la variation séculaire. Parfois, une hypothèse sur les sources du champ magnétique sous-tendait la formule. La première représentation des observations (encore bien rares) fut celle de la sphère uniformément aimantée, attribuée assez légitimement à Gilbert.

En 1804, Biot montra que les valeurs de l'inclinaison mesurées à différentes latitudes par Humboldt étaient en bon accord avec les valeurs calculées en faisant l'hypothèse qu'un petit aimant est situé au centre de la Terre. Il insistait sur le fait que la formule qu'il avait trouvée pour l'inclinaison en fonction de la latitude n'était pas simplement « une construction empirique des observations », mais était au contraire tout à fait indépendante, résultant de son hypothèse de base.

En 1806, l'astronome allemand Wolfgang Ludwig Krafft (1743-1814) se demanda si « une construction empirique des observations » ne permettrait pas de trouver une formule plus simple que celle, assez compliquée, proposée par Biot pour relier l'inclinaison I à la latitude magnétique λ (complément de l'angle formé par la verticale du lieu et l'axe du petit aimant). Il essaya une simple loi de proportionnalité entre les tangentes : $\tan I = \alpha \tan \lambda$. En utilisant les valeurs de Humboldt, il trouva une valeur moyenne $\alpha = 2{,}2$. Il adopta donc $\alpha = 2$, et proposa la loi :

$$\tan I = 2 \tan \lambda$$

à laquelle il montra que l'on pouvait en effet réduire la loi de Biot[6]. Cette loi est maintenant à la base du paléomagnétisme. On peut déduire simplement cette formule des expressions des composantes du champ d'un dipôle magnétique placé au centre de la Terre.

Mais c'est assurément Biot qui publia le premier, en 1804, le modèle du dipôle centré, c'est-à-dire d'un aimant court placé au centre de la Terre et d'axe perpendiculaire à l'équateur magnétique (au demeurant assez mal connu à son époque[7]). Biot procéda par étapes, partant d'une « hypothèse mathématique assez conforme aux idées que l'on s'est faites jusqu'à présent sur le magnétisme terrestre ». « J'ai supposé, écrivit Biot, sur l'axe de l'équateur magnétique et à égale distance du centre de la Terre, deux centres de forces attractives, l'un austral et l'autre boréal, de manière à représenter les deux pôles magnétiques opposés du globe terrestre. J'ai ensuite calculé l'action qui devait résulter de ces centres sur un point quelconque de la surface de la terre, en faisant varier leur force attractive réciproquement au carré de la distance, et j'ai ainsi obtenu la direction de la résultante de leurs forces, direction qui devait être celle de l'aiguille aimantée à cette latitude. On voit que la direction dépend de la distance *K* des centres magnétiques au centre de la Terre. Il faut avant tout déterminer cette quantité d'après les observations.»

Partant d'une valeur de *K* égale au rayon terrestre, Biot la réduisit progressivement, jusqu'à avoir un bon accord avec les observations et conclut: «La supposition la plus raisonnable serait donc de faire *K* nul, ou si petit qu'il devient inutile d'y avoir égard; ce qui revient à regarder les deux centres d'action comme placés, pour ainsi dire, dans la même molécule. En effet, le résultat obtenu de cette manière est le plus exact de tous.» Biot disait: «Nous n'avons pas prétendu considérer cette hypothèse comme une chose réelle, mais seulement comme une abstraction mathématique utile pour enchaîner les résultats.» On ne dit pas autre chose des modèles d'aujourd'hui.

Biot apportait là une belle définition du dipôle centré; cependant, il ne montra pas, ce qu'il aurait facilement pu faire, que la force magnétique du dipôle varie comme l'inverse du cube de la distance. Il ne mentionna pas non plus l'équivalence du champ créé à l'extérieur du globe par son aimant court avec celui d'une aimantation uniforme, de même axe, du globe.

Ayant reçu du fils de l'astronome allemand Tobias Mayer (voir chapitre 5) des papiers inédits de son père, Biot découvrit que ce dernier avait déjà fait un calcul en 1762, avec les mêmes hypothèses, et il en reconnut la priorité: «Il suppose dans l'intérieur de la terre un aimant qui, par comparaison avec elle, doit être considéré comme infiniment petit. Cet aimant serait placé à environ 120 lieues de distance du centre du globe, vers la partie de la surface terrestre que couvre la mer Pacifique. Mayer donne la position de son centre, la direction de son axe, et il assigne pour l'action de ses pôles la raison inverse du cube de la distance, qui est en effet celle qui résulte de la loi du carré de la distance entre les particules mêmes, quand les centres d'action sont infiniment rapprochés[8]. »

En fait, Mayer avait présenté sa théorie un mois avant sa mort, lors de la séance du 16 janvier 1762 de la Société royale des sciences de Göttingen, dont nous avons seulement un bref compte rendu[9]. Il disait qu'il y a dans la Terre un corps magnétique, dont la grosseur n'est pas considérable vis-à-vis de celle de la Terre, et dont la force est en raison inverse du cube de l'éloignement. Ce corps est distant d'à peu près 120 milles (et non 120 lieues, comme l'écrivit Biot) du centre de la Terre. L'axe de cet « aimant souterrain » n'est pas parallèle à l'axe de la Terre, mais est incliné vers le nord-est de 11,5° (valeur égale à l'angle que fait le dipôle de Gauss avec l'axe de la Terre !). Il fallut attendre trois siècles pour que ce travail de Mayer, *Nova theoria declinationis et inclinationis acus magneticæ*, soit publié, en 1972[10].

Il est intéressant de considérer les lignes isomagnétiques du champ du dipôle centré : l'agonique est le grand cercle passant par les deux pôles géographiques et les deux pôles magnétiques ; la composante est a une valeur constante sur les méridiens géographiques ; les méridiens magnétiques sont des demi-grands cercles ; toutes les isodynames (lignes d'égale valeur des composantes verticale, horizontale et de l'intensité), ainsi que les isoclines, sont de petits cercles dont l'axe est celui du dipôle. L'équateur magnétique est le lieu des points où, à la fois la composante verticale Z est nulle, les valeurs de X et H sont maximales et la force totale F est minimale. Les courbes du champ réel n'ont pas cette belle simplicité ; elles se déduisent toutefois de celles du modèle dipolaire par des déformations modérées.

En 1838, Gauss publia sa « Théorie générale du magnétisme terrestre[11] ». Il annonçait : « Dans le présent traité, je développerai la théorie générale du magnétisme terrestre, indépendamment de toute hypothèse spéciale sur la distribution du fluide magnétique dans les corps terrestres, et je communiquerai en même temps les résultats que j'ai obtenus par la première application de la méthode. Aussi imparfaits que ces résultats doivent être, ils peuvent cependant donner une idée de ce que l'on peut espérer atteindre dans l'avenir, quand des observations fiables et complètes dans toutes les contrées de la Terre permettront de les raffiner et de les répéter. »

Gauss considéra une quantité de fluide magnétique (de charge magnétique) à l'intérieur du globe assimilé à une sphère de rayon R, et donna l'expression du potentiel V produit à l'extérieur par ces charges, sous la forme déjà classique :

$$V = -\int \frac{d\mu}{\rho}$$

$d\mu$ est la charge contenue dans l'élément de volume, ρ la distance entre cet élément et le point d'observation.

Il utilisa alors un développement dû, semble-t-il, à Poisson. Avec ses notations :

$$V(P) = \frac{RR}{r}P^0 + \frac{R^3}{rr}P' + \frac{R^4}{r^3}P'' + \frac{R^5}{r^4}P''' + K$$

où r est la distance du point courant au centre de la Terre et P^0, P', P'', P'''... sont des fonctions de la latitude et de la longitude du point d'observation.

Avec les notations généralement utilisées aujourd'hui (a pour R, S pour P, θ et φ la colatitude[12] et la longitude, P le point courant) (http://www.editions-belin.com/magnetisme-appendice) :

$$V(P) = a\left(\frac{a}{r}\right)S_0(\theta,\varphi) + a\left(\frac{a}{r}\right)^2 S_1(\theta,\varphi) + a\left(\frac{a}{r}\right)^3 S_2(\theta,\varphi)$$
$$+ a\left(\frac{a}{r}\right)^4 S_3(\theta,\varphi) + a\left(\frac{a}{r}\right)^5 S_4(\theta,\varphi) + K$$

Les fonctions S sont les fonctions de Laplace. Le premier terme du développement est le potentiel d'un monopôle. Admettant que les quantités de fluide magnétique positif et négatif dans la Terre sont égales, Gauss montra que $P^0 = 0$, ce qui revient à dire qu'il n'y a pas de monopôle. Le deuxième terme, prédominant, caractérise le potentiel d'un dipôle (dipôle de Gauss), avec :

$$S_1(\theta,\varphi) = g_1^0 \cos\theta + g_1^1 \sin\theta\cos\varphi + h_1^1 \sin\theta\sin\varphi$$

Le troisième terme caractérise le potentiel d'un quadrupôle : $S_2(\theta,\varphi)$ est la somme de cinq termes, avec cinq coefficients numériques, dont le premier est $\frac{1}{2} g_2^0 (3\cos^2\theta - 1)$.

Comme Gauss disposait d'une collection restreinte d'observations, il limita son développement en $1/r$ à ses quatre premiers termes ; il calcula les 24 coefficients g_n^m et h_n^m, non à partir du potentiel qui ne peut être mesuré directement, mais à partir des composantes du champ $\vec{B} = -\text{grad}\, V$ (qui s'obtiennent par dérivation du potentiel), de manière que $\vec{B}$ soit aussi voisin que possible du champ mesuré aux points d'observation. Ces coefficients sont appelés « coefficients de Gauss ». Le point où l'axe du dipôle perce la sphère a pour coordonnées : $r = a$, $\theta_0 = 168°$, $\varphi_0 = 11°$. La valeur de l'intensité du dipôle de Gauss est : M $\approx$ 8,1·1022 A·m^{-2}.

Gauss fut le premier à appliquer au magnétisme la théorie de l'analyse sphérique harmonique, c'est-à-dire le développement du potentiel V sous la forme d'une somme de fonctions dites « harmoniques ». On trouvera dans http://www.editions-belin.com/magnetisme-appendice une présentation plus détaillée de cette théorie et de l'analyse de Gauss.

Un tel modèle de champ d'origine purement interne représentait correctement les observations dont Gauss disposait, compte tenu de leur précision. La première conclusion de ce travail historique est donc traditionnellement donnée sous la forme suivante : en 1838, Gauss démontra que le champ magnétique terrestre était d'origine interne. Il faut peut-être ajouter que les savants de l'époque en étaient déjà convaincus.

Suivant l'accroissement du nombre et de la qualité des données au cours du XIXe siècle, une succession de modèles furent calculés, utilisant la technique de Gauss ou des techniques voisines. Les progrès dans la qualité de ces modèles furent lents.

Les termes les mieux estimés des développements du potentiel sont, de façon presque évidente, ceux de plus bas degré, particulièrement le terme de degré 1, dont le gradient est justement le champ du dipôle. Cependant, en 1900, il était encore impossible de reconnaître si le moment magnétique M de ce dipôle avait éprouvé un changement appréciable dans l'intervalle de 1829 à 1890. Des progrès décisifs viendront avec les satellites.

Le champ non potentiel – Le champ monopolaire

On a également voulu utiliser les cartes magnétiques planétaires, obtenues au prix de grands efforts, mais encore bien imprécises, pour tenter de répondre à deux questions présentant *a priori* un grand intérêt, que Gauss avait déjà soulevées.

La première question se pose ainsi : le champ terrestre contient-il une composante due à des courants électriques allant du sol vers l'atmosphère, c'est-à-dire une composante non potentielle ? On la savait faible, d'après ce qui précède. S'il en est ainsi, on peut, en principe, calculer la circulation $\int \vec{H}.d\vec{s}$ de la composante horizontale $\vec{H}$ le long d'un contour fermé tracé à la surface du globe (par exemple, l'équateur géographique). Plusieurs tentatives ont été faites, à la suite de Gauss, pour calculer ce travail et le courant vertical associé. Adolf Schmidt (1860-1944) donna, en 1924, une carte mondiale des valeurs de l'intensité de ces courants, de l'ordre de 0,1 ampère par kilomètre carré (10^{-7} A·m^{-2})[13]. Mascart avança que les résultats semblaient indiquer l'existence d'un courant positif (dirigé vers le haut) dans l'hémisphère Nord, qui émanerait surtout des latitudes moyennes pour se propager ensuite dans les couches supérieures de l'atmosphère, descendre sur le sol aux basses latitudes et revenir finalement du sud au nord à travers le globe. L'hémisphère Sud présenterait le même caractère. En réalité, tous ces résultats étaient dépourvus de signification, en raison de l'insuffisance radicale des cartes disponibles. Le même sort fut réservé aux tentatives de la première moitié du XXe siècle.

On a pu estimer la densité de courant J_z en mesurant le champ électrique vertical à la surface du globe et la conductivité électrique de la basse atmosphère. J_z est de l'ordre de 10^{-12} A.m^{-2} ; ce courant moyen est dirigé vers le haut ; des courants de sens inverse existent sous les nuages orageux. Notons que ce courant vertical J_z est aujourd'hui l'objet d'un nouvel intérêt ; il pourrait coupler les dynamiques des différentes couches de l'atmosphère, du sol à la basse ionosphère.

La seconde question a un caractère plus fondamental. On suppose en général, comme Gauss, que $g_0^0 = 0$, ce qui fait commencer le développement du potentiel au degré $n = 1$, c'est-à-dire par un potentiel de dipôle. Cela suppose un équilibre exact entre masses positives et masses négatives, ou encore que le flux du champ à travers la sphère ($r = a$) est nul. Les expériences de laboratoire avaient toujours vérifié cette propriété fondamentale du champ magnétique (on le dit alors « solénoïdal ») ; mais, dans le cas d'un corps aussi massif que la Terre, il semblait légitime d'envisager la possibilité d'un certain déséquilibre entre charges + et –, qui se traduirait par la présence d'un terme en ($1/r$), c'est-à-dire d'un potentiel de monopôle, dans le développement de V. Gauss n'éludait pas le problème : « Si l'on pose, écrivait-il, que les fluides magnétiques sont effectivement réels, on ne pourrait raisonnablement mettre en doute l'égalité parfaite des quantités des deux fluides. En ce qui concerne les corps magnétiques isolés (aimants naturels ou artificiels), la question de savoir s'ils contiennent ou non un excédent sensible de l'un ou de l'autre fluide pourrait être facilement résolue par des expériences très précises : dans le premier cas, un fil à plomb chargé d'un tel corps devrait montrer un écart à la verticale dans la direction du méridien magnétique. Si de telles expériences avec de nombreux aimants artificiels, effectuées dans un local suffisamment éloigné de tout fer, ne montrent jamais le moindre écart à la verticale (comme on peut bien le supposer), cette égalité serait alors effectivement probable, avec grande vraisemblance, pour toute la Terre, encore que la possibilité d'une inégalité ne soit pas totalement éliminée. »

Gauss pensait que dans l'avenir, des observations précises permettraient sans doute de savoir s'il est nécessaire ou non de supposer $g_0^0 = 0$, mais qu'« avec la qualité actuelle des données, une telle entreprise n'aurait aucun succès. »

On a effectivement tenté, de façon répétée, de trancher la question en calculant le terme g_0^0 à partir des cartes magnétiques planétaires. Son expression est très simple : c'est l'intégrale de la composante verticale Z étendue à la surface de la sphère ($r = a$). Mais la dispersion des résultats des calculs approchés de cette intégrale, à partir d'un trop petit nombre de valeurs de Z mal distribuées, n'a permis d'en tirer aucune conclusion. Aujourd'hui, les calculs à partir des mesures satellites permettraient de fixer une borne supérieure à la grandeur du monopôle ; mais l'intérêt pour la question s'est perdu.

La question du champ externe

Supposons maintenant que le champ magnétique terrestre a des sources extérieures à la sphère $r = b$, $b > a$, s'ajoutant aux sources intérieures au globe solide r. Alors, à un instant t, dans la coquille sphérique $a < r < b$, supposée vide de sources, ce champ est de la forme :

$$\vec{B}(P,t) = \vec{B}_i(P,t) + \vec{B}_e(P,t)$$

$\vec{B}_i$ est le champ d'origine interne discuté au paragraphe précédent ; $\vec{B}_e$ est le gradient d'un potentiel externe V_e, qui peut s'écrire sous la forme d'un développement analogue à celui du potentiel interne, dans lequel $a\left(\frac{a}{r}\right)^{n+1}$ est remplacé par $a\left(\frac{r}{a}\right)^{n}$.

Si l'on disposait d'un nombre suffisant de mesures de $\vec{B}$ à l'instant t, on pourrait calculer séparément les coefficients $g(t)$, $h(t)$ du potentiel interne et $\gamma(t)$, $\eta(t)$ du potentiel externe. Mais les modèles calculés plus haut reposent sur un ensemble de mesures faites à des temps t très différents, s'étendant parfois sur plusieurs décennies, réduites à une époque commune par l'application d'une variation séculaire mal connue, qui veut représenter la variation du champ d'origine interne.

Ce n'est que si le potentiel (ou le champ) externe contient une composante de très grande constante de temps que l'on peut espérer estimer ses coefficients par l'analyse de Gauss (http://www.editions-belin.com/magnetisme-appendice), ou les analyses qui s'en inspirent. Une telle composante existe : le « champ de l'anneau de courant ». Il s'agit d'un champ grossièrement uniforme et parallèle à l'axe de rotation dans le voisinage de la Terre ; son amplitude est de l'ordre de 20 nT. Il était parfaitement inaccessible aux analyses du XIXe siècle.

Mais certaines de ces variations peuvent être analysées séparément. Nous allons prendre l'exemple de la variation diurne. Nous avons relaté les beaux travaux d'Arago sur cette variation, dite aussi « variation solaire journalière » $\vec{S}_R$ (de composantes X_R, Y_R, Z_R). Arago tenait, à juste titre, que la marche diurne de l'aiguille aimantée était liée à celle du Soleil. Cette conclusion s'imposait quand on comparait les magnétogrammes de plusieurs observatoires : en deux stations de même latitude et de longitudes différentes, les valeurs de $\vec{S}_R$ relevées aux mêmes heures locales sont grossièrement égales. Cette égalité se comprend bien si l'on imagine que les sources de $\vec{S}_R$ (des courants électriques), situées dans une certaine coquille sphérique, sont fixes par rapport au Soleil et que la Terre tourne autour de son axe à l'intérieur de cette coquille.

Le physicien britannique d'origine allemande Arthur Schuster (1851-1934), en 1889, appliqua l'analyse de Gauss (http:/ www.editions-belin.com/magnetisme-appendice) à la variation diurne et en sépara les parties d'origine interne et externe[14]. Il trouva que $\vec{S}_R$ est principalement d'origine externe, ce qui ne surprit personne, mais qu'elle contient aussi une partie d'origine interne au globe solide, d'une grandeur égale à 25 % environ de celle de la partie d'origine externe. Il interpréta, à juste titre, cette partie secondaire comme le champ magnétique produit par les courants électriques induits dans les couches supérieures conductrices du globe par la partie d'origine externe.

Ce travail de Schuster fut sans doute la première analyse quantitative du champ magnétique d'origine externe produit dans l'ionosphère (par des courants électriques se propageant dans l'atmosphère, disait Schuster ; on découvrit plus tard qu'ils circulent dans la haute atmosphère, dans la couche E de l'ionosphère, à quelque 100 km d'altitude). De plus, la valeur du rapport des amplitudes des parties interne et externe de $\vec{S}_R$, ainsi que leur déphasage, permettent d'estimer la conductivité des couches du manteau où circulent les courants électriques. Cette méthode de sondage sera systématiquement utilisée au cours du XXᵉ siècle.

Les théories de la fin du XIXᵉ siècle sur l'origine du magnétisme terrestre

La théorie de l'origine du champ magnétique terrestre ne progressa guère au cours du XIXᵉ siècle, comme en témoignent le traité de Mascart (1900[15]), nous l'avons vu, et une série d'articles publiés par des savants britanniques et australiens au début du XXᵉ siècle.

En 1912, Schuster donna à la Physical Society of London une « *presidential address* » intitulée *A critical examination of the possible causes of terrestrial magnetism*[16], dont l'introduction contient nombre de remarques de grand intérêt pour notre propos. Il note, en particulier, que « la question de l'origine de la magnétisation de la Terre a été laissée à elle-même, pour partie peut-être parce qu'il y a peu de chances présentement de tester aucune théorie qui pourrait en être proposée, mais surtout, je crois, parce que les difficultés cessent de nous troubler quand elles nous sont devenues familières. »

Schuster se demandait d'abord (et la question est essentielle) si l'inclinaison (d'environ 11,5°) de l'axe d'aimantation par rapport à l'axe de rotation est simplement accidentelle ou non ; il penchait pour l'opinion que la proximité des deux axes est intimement liée à la cause ultime du magnétisme terrestre. Schuster reprit d'abord l'idée ancienne d'une planète aimantée uniformément. Depuis les travaux d'Édouard Roche (1820-1883), en 1848, et d'Emil Wiechert (1861-1928), en 1896, on acceptait l'idée que l'intérieur de la Terre était constitué d'un noyau de fer solide d'un rayon voisin des huit dixièmes du rayon terrestre. Ayant estimé l'aimantation maximale que pourrait porter une sphère de fer de même rayon que la Terre et trouvé qu'elle aurait un moment magnétique mille fois plus élevé que celui de la planète, Schuster en conclut que seulement une partie de la Terre pouvait être aimantée. Il ajoutait que, bien sûr, ce point de vue sur l'origine du magnétisme terrestre est communément rejeté parce que l'on sait (Gilbert le savait déjà) que le fer perd son aimantation à une température qui peut être atteinte à des profondeurs très modestes sous la surface terrestre. Bien que des expériences de laboratoire laissassent supposer que la pression n'avait que peu ou pas d'influence sur la température de Curie, Schuster tenta de sauver l'hypothèse de la Terre aimantée en arguant que l'énorme pression à laquelle le fer est soumis à l'intérieur du globe pourrait bien altérer sa « condition moléculaire » et lui permettre de retenir son aimantation à des températures élevées. Un calcul approximatif l'amena à conclure : « Il ne semble y avoir aucune raison d'exclure que le fer à l'intérieur de la Terre puisse porter une aimantation permanente. » On comprend aisément la difficulté d'abandonner une explication si naturelle du magnétisme terrestre, surtout en l'absence d'aucune autre plus convaincante.

Malheureusement, on a depuis montré que la pression, jusqu'à 60 kbars (correspondant à la profondeur de 185 km), n'a aucun effet mesurable sur le point de Curie du fer[17]. De plus, le noyau de la Terre a un rayon qui ne représente qu'un peu plus de la moitié de celui de la planète et il est constitué de fer en fusion ; l'hypothèse d'une Terre majoritairement constituée de fer solide aimanté n'était donc finalement pas tenable.

Schuster envisagea ensuite la circulation de courants électriques à l'intérieur de la Terre, dont on savait, depuis Ampère, qu'ils peuvent créer un champ magnétique. À moins d'être entretenus par une force électromotrice, de tels courants (s'ils existent) doivent s'affaiblir par l'effet de la dissipation ohmique, conduisant à une diminution de l'intensité du champ magnétique au cours du temps. L'observation, au demeurant très incertaine, d'une décroissance du moment magnétique de la Terre au cours du XIXe siècle semblait appuyer cette idée. Mais un calcul de Horace Lamb (1849-1934) avait montré qu'une Terre ayant la conductivité électrique du fer aurait eu un moment magnétique 27 000 fois plus fort il y a cent millions d'années qu'à présent. Or il n'y a aucune explication plausible de l'existence de forces électromotrices aussi gigantesques dans ce passé géologique. Schuster conclut que les difficultés à rendre compte du magnétisme terrestre au moyen de courants électriques circulant dans la Terre lui semblaient insurmontables.

Assez curieusement, Schuster semblait avoir oublié que, quarante ans auparavant, en 1872, il avait traduit pour le *Philosophical Magazine* un article[18] de l'astronome allemand Johann Karl Friedrich Zöllner[19] (1834-1882) sur l'origine du champ magnétique terrestre. Dans cet article, Zöllner suggérait que le champ magnétique serait créé par des courants électriques circulant dans l'intérieur en fusion de la Terre, entretenus par la force électromotrice mise en évidence, en 1859, par Georg Hermann Quincke (1834-1924) : lorsqu'un électrolyte circule dans un corps poreux, il apparaît un potentiel (potentiel d'électrofiltration) qui crée un courant électrique de direction parallèle à celle du courant fluide. Par analogie avec le Soleil, Zöllner considérait que l'intérieur de la Terre est le siège d'une circulation générale de fluide causée par le transfert de la chaleur interne vers l'extérieur ; il pensait que le potentiel d'électrofiltration, dû au mouvement du fluide par rapport à la base de la croûte, engendrerait un courant électrique dont la direction et l'intensité varieraient au cours du temps, le relief à la base de la croûte étant constamment remodelé par l'interaction avec le fluide. Zöllner expliquait ainsi la variation séculaire du champ magnétique. Il proposait en outre que la rotation de la

Terre était cause de la non-coïncidence des pôles magnétiques avec les pôles géographiques, les courants fluides, et donc les courants électriques, étant déviés, de même que le sont les vents alizés. Dans la suite de l'article[20], Zöllner affirmait : « Tous les corps célestes en rotation possèdent des pôles magnétiques qui ne coïncident pas avec les pôles de rotation. »

Après s'être posé la question, déjà suggérée par Zöllner, puis en 1892 par Kelvin[21] : « Tout grand corps massif en rotation est-il un aimant ? », Schuster se résolut enfin à faire appel à « quelque nouveau phénomène, pour lequel il n'y a aujourd'hui aucune évidence expérimentale » : la rotation de charges électriques, mécanisme que le physicien australien William Sutherland (1859-1911) avait proposé quelques années auparavant. S'appuyant sur des expériences qui avaient montré qu'une charge électrique en mouvement produit un champ magnétique analogue à celui d'un aimant, Sutherland, avait avancé l'idée qu'une cause possible du magnétisme terrestre était la rotation d'un champ électrostatique[22]. Il remarquait que « si la Terre entraîne dans sa rotation un champ électrostatique, alors l'axe de son champ magnétique serait identique à son axe de rotation, ce qui est le fait principal approché du magnétisme terrestre. » On pouvait attribuer l'obliquité de l'axe magnétique par rapport à l'axe de rotation à une asymétrie de la perméabilité magnétique de la Terre.

Plus précisément, le modèle de Sutherland consistait en une sphère homogène tournant autour de son axe, portant une charge électrique soit superficielle, soit volumique ; le potentiel magnétique produit est identique à celui d'une sphère aimantée uniformément. Il calculait que, pour rendre compte du moment magnétique de la Terre, il fallait faire appel à une charge de surface qui engendrerait un champ électrique gigantesque (2.10^{10} $V{\cdot}m^{-1}$), ce qui ne correspondait pas aux observations (le champ électrique à la surface de la Terre est de l'ordre de 100 V^{-1}). Il imaginait alors une charge équivalente de signe opposé, rassemblée au centre de la Terre, qui neutraliserait, à la surface, le champ électrique dû aux charges superficielles, mais ne créerait aucun champ magnétique. Sutherland confessait qu'il n'existait aucune explication « ordinaire » de la séparation de ces énormes charges, et qu'il fallait regarder vers les causes cosmiques agissant lors de la formation de la planète. Il pensait aussi qu'un matériau solide isolant pourrait résister à cet énorme champ électrique, en raison de la pression qui règne à l'intérieur de la Terre, que l'on savait, depuis les travaux de Kelvin, aussi rigide que l'acier. En 1903 et 1904, il modifia son hypothèse et attribua le magnétisme à une inégalité dans la distribution des charges électriques de valence des molécules de la matière terrestre en rotation. Il conclut que « sur la base de cette théorie, le magnétisme doit être une propriété de tous les corps en rotation[23] ».

Le physicien anglais Patrick Blackett (1897-1974) voulut vérifier expérimentalement l'hypothèse, remontant à la suggestion de Kelvin, de Schuster et de Sutherland, selon laquelle un corps solide massif en rotation pouvait engendrer un champ magnétique[24]. Il monta une remarquable expérience qui l'amena, en 1952, à invalider cette hypothèse[25].

La théorie dynamo

Nous avons vu qu'au cours du XIXe siècle, peu de progrès avaient été faits dans l'élucidation du mystère de l'origine du champ magnétique terrestre principal. Dans les modèles recensés plus haut, faisant appel à des courants électriques, il manquait les forces électromotrices qui auraient pu maintenir ces courants et le champ magnétique en résultant. Il était en vérité bien difficile d'imaginer de telles forces tant qu'on pensait que l'intérieur du globe, tout entier, était fait de roches ou de métal solides. Il apparaissait bien vite que les potentiels thermoélectriques ou électrochimiques, sans doute présents, étaient trop petits. Mais dans la première moitié du XXe siècle, grâce surtout à la sismologie, on apprit beaucoup sur la structure et la composition de l'intérieur de la planète.

Il était généralement accepté, depuis la fin du XIXe siècle, que la Terre a un noyau, probablement en fer. Le sismologue allemand Beno Gutenberg (1889-1960), en 1912, localisa exactement la frontière noyau-manteau à la profondeur de 2 900 km. En 1926, le géophysicien britannique Harold Jeffreys (1891-1989) montra que les valeurs de la rigidité du manteau et du noyau, déduites de leurs densités et des mesures de la marée terrestre, ne s'accordaient avec les valeurs déduites de la vitesse de propagation des ondes sismiques que si la rigidité du noyau était très faible ou nulle. Il conclut : « Il ne semble pas y avoir de raison de nier que le noyau métallique de la Terre soit véritablement fluide. » En 1936, la sismologue danoise Inge Lehmann (1888-1993) découvrit l'existence d'une dernière région, voisine du centre, la « graine ». En 1946, Keith Bullen (1906-1976), géophysicien néo-zélandais, montra que la graine avait un module de cisaillement fini et donc devait être solide.

C'est seulement en 1952 que le géophysicien américain Francis Birch (1903-1992), à l'université Harvard, montra définitivement que le noyau ne pouvait être qu'en fer : parmi les matériaux abondants dans le système solaire, seul le fer peut atteindre à haute pression (> 1,3 Mbars) la densité du noyau, de l'ordre de 13, déduite de la vitesse des ondes sismiques. Des considérations physiques et géochimiques conduisent à préciser que le noyau externe, fluide, est bien composé essentiellement de fer, avec environ 5 % de nickel et 10 % d'éléments légers, dont la nature précise est toujours discutée[26].

Le champ géomagnétique présente des variations extraordinairement rapides à l'échelle des temps géologiques (de 30 % en un siècle, en certains points de la surface du globe), à vrai dire tout à fait impossibles à expliquer quand l'on pensait que ses sources avaient leur siège dans un milieu solide rocheux. La variation séculaire impose l'idée d'un fluide en mouvement. On a pu estimer à quelque 10^5 $(\Omega m)^{-1}$ la conductivité électrique du noyau, par extrapolation des mesures faites en laboratoire aux pressions et températures qui y règnent. Des courants électriques peuvent circuler dans ce noyau très conducteur et produire un champ magnétique observable à son extérieur. En l'absence de force électromotrice, pour ces valeurs de la conductivité, de tels courants s'éteindraient au bout d'une durée de l'ordre de 15 000 ans. Or, le paléomagnétisme nous apprend que le champ terrestre existe depuis des centaines de millions d'années. Des forces électromotrices suffisantes doivent donc soutenir en permanence ces courants. D'où l'idée que le noyau terrestre fluide est une dynamo auto-excitée.

En 1919, Joseph Larmor (1857-1942), physicien irlandais, fut le premier à appliquer cette idée aux champs magnétiques du Soleil et de la Terre[27]. Citons-le : « Les phénomènes observés à la surface du Soleil semblent indiquer une circulation interne, en partie dans des plans méridiens. En présence d'un champ magnétique, un tel mouvement induit un champ électrique agissant sur la matière en mouvement ; si un circuit conducteur se trouve entourer l'axe du Soleil, un courant électrique y circulera qui pourra, à son tour, accroître le champ magnétique inducteur. De cette façon, il est possible que le mouvement interne cyclique agisse à la manière du cycle d'une dynamo auto-excitée et maintienne un champ magnétique permanent à partir de débuts insignifiants, aux dépens d'une partie de l'énergie de la circulation interne. La même possibilité pourrait s'appliquer à l'intérieur de la Terre et la variation séculaire pourrait être regardée simplement comme un effet de changements dans les canaux conducteurs internes. »

On a montré que le mécanisme de Larmor, tel quel, est inefficace, mais l'idée était là. À partir de 1946, le physicien allemand Walter Elsasser (1904-1991), puis le géophysicien britannique Edward Bullard (1907-1980) donnèrent une nouvelle impulsion à la théorie dynamo du champ terrestre.

Mais d'où provient l'énergie nécessaire à ces mouvements ? Selon toute probabilité, ce sont des mouvements de convection, thermique et/ou compositionnelle. La Terre perd de la chaleur dans l'espace ; son noyau se refroidit, comme le prouve la présence d'une graine solide, qui croît par cristallisation au cours du temps. Des mouvements de convection transportent donc de la chaleur de l'intérieur vers l'extérieur du noyau, d'autant plus que la croissance de la graine libère la chaleur latente de cristallisation du fer. En outre, les éléments légers du fluide n'entrent pas, ou peu, dans le solide ; le processus de cristallisation de la graine en libère donc continûment à la base du noyau fluide ; des forces de flottabilité (d'Archimède) en résultent, entretenant une convection dite compositionnelle ; les deux mécanismes s'ajoutent.

Les modèles de géodynamo, codes numériques fonctionnant sur de puissants ordinateurs, produisent des comportements sans doute de plus en plus réalistes[28]. Le chemin sera encore long cependant, avant qu'on puisse y introduire des paramètres dont les valeurs soient de l'ordre de grandeur requis.

SECONDE PARTIE

L’aimant et la santé

Chapitre 1

L'aimant, la médecine et la chirurgie

Un article du *Quotidien du médecin* du 8 août 2012, intitulé *La vie impossible (ou presque) sans aimants*, énumère toutes les applications médicales actuelles des aimants. Or, l'utilisation des aimants en médecine a une longue histoire.

L'aimant, remède par voie interne et externe

De toute antiquité, on a attribué aux pierres des vertus salutaires et les lapidaires anciens, ainsi que ceux du Moyen Âge, consistent essentiellement en des listes de minéraux, parfois difficilement identifiables, censés soigner une foule de pathologies, corporelles ou mentales[1]. Dans tous ces écrits, la pierre d'aimant tenait une bonne place. L'aimant pulvérisé était absorbé, mélangé par exemple à du vin, ou entrait dans la composition d'emplâtres, ou bien encore la pierre d'aimant ou des aimants artificiels étaient appliqués sur le siège de la douleur.

La médecine traditionnelle chinoise recourt toujours à des remèdes d'origine végétale et animale, mais ce sont les remèdes minéraux qui sont considérés comme les plus puissants. Pour parler d'une maladie qui résiste à tous les traitements, les Chinois disent : « Même les médicaments minéraux n'ont aucun effet[2]. »

On ne s'étonnera donc pas que la pierre d'aimant, qui manifeste des propriétés si mystérieuses, occupe une place de choix dans la pharmacopée ancienne… et même moderne en Chine. Ainsi, la pharmacie traditionnelle Eu Yan Sang[3] à Hong Kong, à côté d'os de tigre et de racines de ginseng, montre en vitrine un échantillon de magnétite avec un cartel qui indique les propriétés bénéfiques de l'aimant contre, entre autres maux, la surdité, les bourdonnements d'oreille, les vertiges et la dyspnée.

Il serait trop long, et fastidieux, de citer tous les auteurs qui ont attribué à l'aimant des vertus médicinales. Mentionnons seulement quelques-uns d'entre eux.

Pline l'Ancien notait : « Au reste, tous les aimants entrent dans les compositions ophtalmiques pour une dose particulière à chacun. Ils arrêtent surtout les fluxions des yeux. Calcinés et pulvérisés, ils guérissent les brûlures[4]. » Au VIe siècle, le médecin byzantin Aetius d'Amida préconisait l'utilisation d'aimants par voie externe : « On dit que l'aimant tenu dans la main des goutteux les soulage ; et qu'il est utile aussi dans les maladies convulsives. » Le philosophe et polygraphe byzantin Michel Psellos (1018-1078) écrivit que l'aimant « dissous dans du lait augmente l'acuité visuelle et soigne la mélancolie[5] ». Pour la visionnaire sainte Hildegarde de Bingen, l'aimant pouvait aussi soigner les maladies mentales. Elle conseillait : « Si quelqu'un est pris de folie, ou est en proie de quelque manière à des fantasmes, il faut frotter un aimant avec de la salive et, avec la pierre, frotter sa nuque puis son front, en disant : "Folie mauvaise, cède à cette puissance par laquelle Dieu a transformé en bienfait pour l'homme la puissance du diable précipité du haut du ciel." Et le malade retrouvera ses esprits[6]. »

Dans sa *Pseudodoxia epidemica* (1646), Thomas Browne parlait de l'*unguentum armarium* : « Quant à l'*unguentum Armarium*, que l'on appelle aussi *Magneticum*, il ne fait pas vraiment partie de ce traité car la pierre d'aimant n'est pas un de ses ingrédients et il n'utilise pas son action ; il se fonde sur d'autres principes, tels que les esprits communs et universaux qui dirigent l'action du remède vers la partie malade[7] » La recette de cet onguent prétendument magnétique est donnée par Rudolph Goclenius le jeune (1572-1621), professeur de physique et de mathématique à l'université de Marburg[8]. Censé guérir par sympathie les plaies occasionnées par des armes, en le frottant sur le fer qui avait occasionné la blessure, il ne contenait effectivement pas d'aimant, mais de la momie, du sang humain, de la graisse humaine, de l'usnée (sorte de lichen) ayant poussé sur des crânes de pendus, etc.

En revanche, l'emplâtre « opodeldoch » de Paracelse contenait bien, entre autres ingrédients, de la pierre d'aimant pulvérisée. Il avait, croyait-on, les mêmes vertus que l'emplâtre de Crollius[9], qui contenait, lui aussi, de l'aimant : « Il est propre pour les coups d'épée, pour les piqûres, pour les morsures & pour toutes les autres plaies et ulcères, il digère, il mûrit, il mondifie, il cicatrise, il résout, il fortifie les nerfs, il résiste à la malignité[10]. » Boèce de Boodt donna la recette de l'emplâtre magnétique (il préfère ce nom au nom barbare d'opodeldoch) qui guérit, dit-il, toutes blessures occasionnées par des instruments pointus ou tranchants et empêche les complications[11].

William Gilbert ne croyait pas le moins du monde aux propriétés médicinales de l'aimant, que ce soit par voie externe ou interne : « Les maux de tête, en dépit de l'opinion de nombreuses personnes, ne sont pas plus soignés par l'application d'un aimant que par le port d'un casque de fer ou d'un chapeau d'acier. L'administration d'aimant aux hydropiques est, soit une erreur des Anciens, soit une transcription fautive, quoique l'aimant puisse être capable de purger les entrailles, comme le font diverses substances métalliques : mais cet effet serait dû à quelque défaut de la pierre, et non à sa vertu magnétique[12]. » Quant au savant physicien et chimiste Robert Boyle (1627-1691), s'il ne nie pas que l'aimant puisse avoir une action manifeste sur le corps humain par ses effluves, il croit que cette action est nuisible, comme lui ont confirmé des personnes qui ont ressenti des inconvénients pour avoir gardé des aimants dans la poche ou en avoir tenu longtemps à la main. Boyle ne précise pas la nature de cette « *inconvenient operation*[13] ».

De nos jours, l'aimant n'a plus aucune place dans la pharmacopée.

L'aimant en chirurgie – Extraction des corps étrangers métalliques avalés ou inhalés

En chirurgie, l'aimant a été essentiellement préconisé pour l'extraction de corps étrangers en fer. En 1646, Thomas Browne parlait de l'utilisation d'emplâtres de pierre d'aimant pour extraire du corps des fragments métalliques : « Nous devons également rapporter ici ce qui a été dit à propos du pouvoir qu'elle [la pierre d'aimant] aurait d'extraire du corps les balles de mousquet et les têtes de flèches, et c'est dans cette intention qu'elle est mélangée aux emplâtres ; aptitude que nombre de bons Auteurs rejettent comme vaine et sans effet mais qui, à mon avis, ne devrait pas être complètement éliminée. »

Browne cite le cas d'un « jeune Prussien qui avait par hasard [!] avalé un couteau de dix pouces de long, lequel fut retiré de son estomac par incision, après quoi la blessure cicatrisa. Lors de cette opération, un emplâtre fabriqué à partir de poudre de pierre d'aimant fut appliqué afin de faire adopter au couteau une position favorable. Or ce type de pratique est condamné comme inefficace et absolument inutile par Libavius [et] Gilbert [...] parce que la pierre d'aimant en poudre n'a aucune vertu attractive, ne possédant sous cette forme aucun pouvoir d'attraction et ayant perdu ces parties qui lui donnent cette vertu attractive. À ce sujet et pour parler compendieusement, nous devons d'affirmer, si les expériences ne nous ont pas trompés, qu'une pierre d'aimant réduite en poudre ne perd pas entièrement son attraction. Car si la poudre tirée d'une veine riche est mise à proximité d'une Aiguille sans entraves, cette poudre ne paraîtra pas dénuée de toute activité et sera capable de faire bouger l'aiguille [...].

Bien que nous ne désavouions pas ces emplâtres, nous n'oublions pas de mentionner deux précautions lors de leur utilisation : la pierre ne doit pas être pulvérisée trop finement car elle manifestera mieux son attraction avec des grains d'une dimension supérieure et, si l'on cherche un effet rapide, peut-être vaut-il mieux se demander s'il ne serait pas plus efficace d'abandonner les emplâtres contenant de la poudre et d'appliquer une pierre d'aimant entière sur la partie malade[14]. »

Le professeur Armand Trousseau (1801-1867), titulaire de la chaire de clinique médicale de l'Hôtel-Dieu, nota que, dès le XVIIIe siècle, « on reléguait avec raison parmi les absurdités les emplâtres aimantés, que les alchimistes du Moyen Âge appliquaient sur les diverses parties du corps, soit pour guérir les plaies, soit pour retirer des fragments d'épée, de flèche ou de lance qui étaient restés au fond des blessures[15] ».

Les emplâtres, à coup sûr, et même la pierre d'aimant, ne pouvaient guère extraire des pièces de fer aussi considérables que des fragments d'épée ou de lance. Il semble cependant, si l'on en croit l'anatomiste hollandais Theodor Kerckring (1638-1693), que l'aimant ait pu guérir une jeune servante qui avait avalé une aiguille par imprudence[16]. L'aiguille, qui s'était d'abord fichée dans le gosier, était allée se nicher dans une amygdale et était restée là, sans inflammation, pendant neuf ans ; les chirurgiens n'osaient pas opérer. Un jour, alors que la jeune fille avait déjà vingt-trois ans, survint un homme du genre de ceux qui, ne sachant que peu ou pas de médecine, connaissent certains médicaments et soignent quelques maladies. Cet homme lui promit de la guérir sans douleur et sans qu'elle ait à craindre quoi que ce soit. Avec un couteau, il pratiqua une légère incision et appliqua un morceau d'aimant (et non de la poudre) sur la gorge. « Chose miraculeuse, après le neuvième jour, l'aiguille se colle à la pierre et la jeune fille est libérée. »

Des aimants sont actuellement utilisés pour extraire, au cours d'endoscopies des voies aériennes ou digestives, des corps étrangers métalliques (épingles de nourrice, aiguilles, etc.) inhalés ou avalés, en général par des enfants[17].

A contrario, l'ingestion d'aimants peut être dangereuse. Les pédiatres et urgentistes sont confrontés au cas relativement fréquent d'enfants ayant avalé un ou des aimants. De petits aimants puissants sont en effet utilisés dans une grande variété de produits destinés aux enfants (jouets, poupées, aimants en forme de lettres ou de chiffres, etc.). L'ingestion d'un aimant unique ne pose pas de problème particulier, mais si plusieurs aimants sont ingérés, ils s'attirent mutuellement et leur groupement risque de provoquer des lésions intestinales graves (occlusion, perforations, nécroses).

Ophtalmologie

C'est essentiellement en chirurgie oculaire que l'aimant fut utilisé avec succès. En effet, les serruriers et travailleurs du fer recevaient souvent des éclats de fer dans l'œil, et l'on comprit que ces particules pouvaient être extraites de la cornée à l'aide d'un aimant.

La femme[18] du chirurgien allemand de Berne Wilhelm Fabry von Hilden, ou Fabricius Hildanus (1560-1634), fut sans doute la première à extraire un petit copeau de fer des couches superficielles de la cornée avec la pierre d'aimant[19]. Dans une lettre datée du 25 avril 1624 et adressée à son ami le docteur Jacob Hagenbach, Fabry raconte qu'on lui avait amené un paysan qui, voulant vérifier la qualité d'un acier qu'il achetait, avait, suivant l'usage, frappé deux morceaux l'un contre l'autre. Une étincelle l'avait atteint à la cornée et avait fermement adhéré à la membrane, non sans grande douleur. Drogues et saignées étaient restées sans effet. L'éclat était si petit qu'on ne parvenait pas à l'extraire à l'aide d'instruments. « Mais voilà que ma femme inventa le remède de loin le plus approprié. Pendant que, des deux mains, je tenais les paupières du malade ouvertes, elle approcha un aimant de l'œil, aussi près qu'il pouvait le supporter. [...] L'éclat, à la vue de tous, sauta vers la pierre. Après l'application d'un collyre pour calmer la douleur, le malade guérit rapidement. »

En 1873, le chirurgien William MacKeown (1845-1904), de Belfast, fut le premier[20] à utiliser l'aimant pour extraire un éclat métallique, non simplement de la cornée, mais de l'intérieur de l'œil, après avoir fait une incision dans la sclérotique[21]. En 1875, Julius Hirschberg (1843-1925), ophtalmologiste allemand, remplaça l'aimant par un électroaimant, technique qui est utilisée avec succès encore aujourd'hui[22].

En cardiologie, des avancées prometteuses

Sous le titre « Le mariage du cœur entre du fer et un aimant », le *Quotidien du médecin* du 27 juin 2012 rapporte que des Français ont publié une étude pilote[23] sur l'usage des aimants pour adresser des cellules souches régénératrices vers la région du cœur endommagée lors d'un infarctus. Un aimant est implanté en sous-cutané en regard de la lésion myocardique. Il attire les cellules souches qui ont été chargées de nanoparticules d'oxyde de fer et sont perfusées dans la circulation. L'étude a été faite sur des rats et on n'en est encore qu'au stade de la recherche.

Médecine vétérinaire

Les bovins ingurgitent fréquemment des morceaux de fil de fer, des clous, des débris de ferraille qui peuvent se trouver dans leur nourriture (fourrages, concentrés ou au pré). Pour éviter les lésions digestives que ces corps étrangers peuvent occasionner chez l'animal, il est habituel de faire avaler préventivement aux génisses un aimant, qui, logé dans une de leurs cavités gastriques, retient ces éléments et les empêche de léser la paroi des organes digestifs[24]. On voit que ce qui est mauvais pour les enfants peut être bon pour les vaches.

Chapitre 2

Le magnétisme minéral

Vers la fin du XVIIIe siècle, l'électricité était à la mode ; machines électriques et bouteilles de Leyde (voir p. 64) se prêtaient à de spectaculaires démonstrations. Beaucoup des « électriciens », comme on appelait les savants qui s'intéressaient à l'électricité, cherchèrent à utiliser le « fluide électrique » qui se manifestait par des étincelles ou des chocs, pour soigner des maladies[1]. Parallèlement, l'usage de l'aimant en médecine attira l'attention de la Société royale de médecine. Il est utile de distinguer les traitements fondés sur l'application d'aimants, que l'on peut appeler *magnétisme minéral* (que nous allons détailler ici), de ceux qui reposaient sur le *magnétisme animal* (voir chapitre suivant), immatériel, bien que ces deux aspects partagent un certain nombre de caractéristiques.

En 1776, Michel Augustin Thouret (1749-1810), membre de la Société royale de médecine, rapporta à la Société[2] la cure d'un négociant attaqué par des douleurs « dont on attribuait la cause à quelques dents cariées qui pouvaient donner accès à l'air ». On avait arraché toutes les dents du côté affligé, mais le malade n'en avait été que plus tourmenté. « Un médecin de la ville lui avait conseillé l'usage de l'aimant et ce conseil salutaire fut suivi, dès le premier essai, d'un succès étonnant qui ne s'est point démenti par la suite. » Thouret poursuivait :

« Dans les temps où les douleurs existent, au moment même où le malade applique son aimant sur la partie douloureuse, il sent un mouvement très marqué dans la peau, qui semble se porter au-devant de l'instrument ; il sent de plus les nerfs distribués dans la partie douloureuse comme s'élancer aussi vers lui. Ce double mouvement n'a point lieu lorsque les douleurs n'existent pas. [...] Est-ce donc que l'état de spasme ou de douleur électriserait ou aimanterait les nerfs ? »

Quelques années plus tard, avec son confrère Charles-Louis-François Andry (1741-1829), Thouret communiquait à la Société un *Mémoire sur le magnétisme médical*[3] : « On a fait très anciennement usage de l'aimant en médecine ; mais des nombreuses propriétés qu'on lui avait attribuées, celles qui étaient vraiment imposantes n'ayant aucun fondement solide, et celles en qui l'on pouvait reconnaître quelque réalité lui étant commune avec un grand nombre de substances d'un ordre peu distingué, l'aimant n'avait jamais été dans l'art de guérir d'une utilité très grande, en même temps bien réelle. De nos jours, on le regarde comme réunissant au plus haut degré ce double avantage. » Après un « Précis historique des travaux entrepris sur le magnétisme », dans lequel ils mentionnaient les emplâtres magnétiques avec aimant pulvérisé pour extraire le fer des plaies (voir chapitre précédent), les auteurs rapportaient de « Nouvelles observations sur l'usage de l'aimant dans le traitement de plusieurs maladies », en particulier les maux de dents, les rhumatismes, les crampes, les convulsions et l'épilepsie. Enfin, Andry et Thouret terminaient par des *Considérations sur les effets généraux, la nature & l'usage du fluide magnétique considéré comme médicament* :

« 1° On ne peut méconnaître dans l'aimant appliqué en amulette une action réelle et salutaire.

2° Cette action est indépendante dans l'aimant des qualités ou propriétés qui lui sont communes avec les autres corps. [...]

3° Cette action de l'aimant est également distincte de celle qu'il peut avoir sur le corps humain comme substance ferrugineuse & de celle qu'il exerce sur le fer. [...]

4° Cette action de l'aimant paraît être une action immédiate & directe du fluide magnétique sur nos nerfs. […]

7° L'aimant se range naturellement dans la classe des antispasmodiques. […]

10° Au moins en se bornant à la méthode actuelle, les avantages du magnétisme en médecine ne peuvent être méconnus & contestés. »

On ne peut ici manquer de remarquer le parallélisme étroit qui existait au XVIIIe siècle entre l'usage de l'électricité et celui de l'aimant : les maladies traitées (et ce sont toujours les succès qui étaient rapportés) étaient en général les mêmes, et on attribuait l'effet des fluides électriques et magnétiques à leur action sur les nerfs. La Société royale de médecine, après enquête, a reconnu l'utilité des deux méthodes. Nous verrons qu'il n'en a pas été de même pour le magnétisme animal.

Dans son *Traité de l'aimant* (1783), Buffon mentionna que l'abbé Le Noble, chanoine de Vernon-sur-Seine, « qui s'occupe avec succès, depuis longtemps, des effets du magnétisme sur le corps humain, et qui est parvenu à construire des aimans artificiels beaucoup plus forts que tous ceux qui étaient déjà connus, a employé très heureusement l'application de ces mêmes aimans pour le soulagement de plusieurs maux. » Buffon donna « un extrait du rapport fait par MM. les commissaires de la Société royale de médecine, au sujet des travaux utiles de ce physicien, qui les continue avec zèle, et d'une manière d'autant plus louable qu'il les consacre gratuitement au soulagement des malheureux ».

À Vienne, le jésuite Maximilian Hell, astronome impérial et royal, dont nous avons vu qu'il avait fait des observations magnétiques lors de son expédition en Laponie en 1769 (chapitre 11), traitait les malades par l'application de plaques d'aimants artificiels taillées en forme de l'organe affecté. Une collaboration éphémère avec le médecin viennois Franz-Anton Mesmer (1734-1815), dont nous reparlerons au chapitre suivant, se termina en querelle de priorité. Mesmer, qui avait commencé à utiliser les aimants du P. Hell, décida qu'ils étaient inutiles et se fia uniquement, comme nous le verrons, à son propre fluide magnétique. Mozart, ami de Mesmer, fit jouer en 1790 l'opera buffa *Cosi fan tutte*, sur un livret de Da Ponte. Les deux jeunes protagonistes, pour éprouver leurs fiancées, se sont travestis en officiers étrangers et, repoussés, ont feint de s'empoisonner à l'arsenic. Déguisée en médecin, la soubrette Despina, au courant du stratagème, fait semblant de les guérir par l'application d'un aimant ; elle leur touche la tête d'une pierre d'aimant et la frotte le long de leur corps, en disant : « Ceci est un morceau d'aimant, pierre mesmérique, qui tire son origine d'Allemagne, et puis fut si célèbre en France[4]. »

Au début du XIXe siècle, René Laënnec (1781-1826), l'inventeur du stéthoscope, utilisa l'aimant pour soulager les malades souffrant d'angine de poitrine : « Je fais appliquer deux plaques d'acier fortement aimantées, d'une ligne d'épaisseur, de forme ovale et légèrement courbées sur le plat pour s'accommoder à la forme de la poitrine, l'une sur la région précordiale gauche, et l'autre dans la partie opposée du dos, de manière que les pôles soient exactement opposés et que le courant magnétique traverse la partie affectée. Ce moyen n'est pas plus infaillible que tous ceux par lesquels nous combattons ordinairement les affections nerveuses ; mais il a réussi entre mes mains, plus souvent qu'un autre, à diminuer les angoisses de l'*angina pectoris* et les douleurs cardiaques, et à en éloigner le retour. Trop loué peut-être par quelques médecins du dernier siècle, il me paraît avoir été trop négligé de nos jours[5]. » Laënnec traita aussi le hoquet par l'aimant : « J'ai suspendu tout à coup à l'aide de deux plaques aimantées appliquées, l'une à l'épigastre et l'autre sur le point opposé de la colonne vertébrale, un hoquet qui durait depuis trois ans. Au bout de six mois, la malade ayant négligé un matin de mettre ces plaques, le hoquet reparut. Elle les remit et il cessa de nouveau. »

En 1887, le « professeur » Hector Durville (1849-1923) fonda la Société de magnétisme de France et publia un ouvrage intitulé *Application de l'aimant au traitement des maladies*[6] (**Fig. 17**).

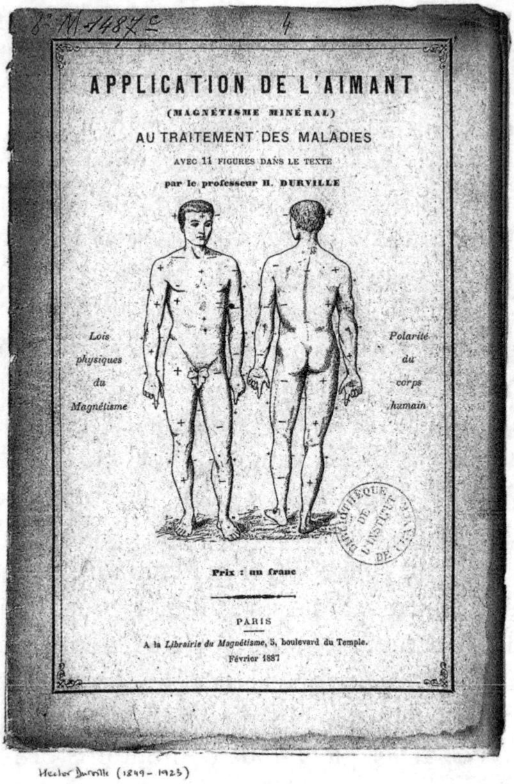

Fig. 17. La couverture de l'ouvrage du «professeur» Durville, *Application de l'aimant au traitement des maladies*, 1887.

Il reconnaissait dans l'aimant deux forces distinctes : une «force physique», connue depuis longtemps, par laquelle les aimants agissent les uns sur les autres, et une force qu'il nomme «force physiologique», qui agit sur le corps humain sans se faire sentir sur l'aiguille aimantée, force qui était ignorée, dit-il, avant qu'il ne l'ait démontrée. «C'est une force rayonnante qui se propage dans l'air en ligne droite comme la lumière et le calorique.» Cette force se réfléchit et se réfracte comme les rayons lumineux.

Mais il existe aussi, pensait Durville, un magnétisme humain, «force particulière du corps humain, en vertu de laquelle les individus agissent ou peuvent agir les uns sur les autres. Cette force, quoique plus puissante, plus salutaire en thérapeutique, est analogue ou identique à la force physiologique de l'aimant. Elle est soumise aux mêmes lois physiques. Il résulte de cette propriété que le corps humain est polarisé. » Le côté droit du corps est positif, le côté gauche négatif[7], la poitrine est positive, le dos négatif : « Le magnétisme humain étant analogue au magnétisme minéral, il s'ensuit qu'un aimant agit sur le corps humain comme sur un autre aimant. Comme l'aimant, dans l'obscurité, toutes les parties positives du corps humain brillent d'une lumière bleu indigo, toutes les parties négatives, jaune orangé [?!] ».

Durville tira de ces étranges considérations le principe de sa magnétothérapie, à savoir que les maladies se répartissent en deux catégories : les affections inflammatoires, ou d'excitation, et les affections atoniques, ou paralytiques. Pour calmer, on applique le pôle + de l'aimant sur le côté – (gauche) du corps, et réciproquement le pôle – de l'aimant sur le côté + (droit) du corps. Pour exciter, on applique l'aimant en sens contraire. On retrouve ici la même logique qui faisait dire à l'abbé Pierre Bertholon (1741-1800), au XVIIIe siècle, que les maladies d'excitation, dues (pensait-il) à un surplus d'électricité positive, devaient être traitées par l'électricité négative, alors que les paralytiques devaient être électrisés positivement[8]. Durville donnait une liste de toutes les pièces aimantées employées en magnétothérapie : lames, plastrons, semelles, etc., avec leur mode d'emploi détaillé dans le cas de chaque maladie, et leur prix.

Aux États-Unis, le docteur C.J. Thacher, surnommé « le roi des charlatans magnétiques » par *Collier's Magazine*, était président du Chicago Magnet Club. Il pensait que le sang est le conducteur magnétique principal du corps, en raison du fer qu'il contient. La maladie survenait lorsque la faculté naturelle du sang de soutirer le pouvoir magnétique de l'atmosphère était compromise par un mode de vie malsain. La façon la plus efficace de recharger le magnétisme du sang était de s'habiller avec les vêtements magnétiques (bonnets, gilets, bas, semelles, etc.) que vendait la Chicago Magnetic Company de

Thacher. Le costume complet, proposé par le catalogue de 1886, contenait plus de 700 aimants ; il était supposé assurer une protection complète de tous les organes vitaux du corps et guérir toutes les maladies guérissables, quelles qu'en soient les causes[9].

Notons à ce propos que l'idée, encore très répandue aujourd'hui, que les aimants agissent sur le fer des globules rouges comme sur un morceau de fer, est fallacieuse. En effet, le ferromagnétisme, on l'a vu (voir chapitre 7), repose sur l'interaction entre atomes voisins dans un cristal de fer. Or, s'il est exact que chaque molécule d'hémoglobine du sang contient, en son centre, un atome de fer, ces atomes sont isolés et ne peuvent pas communiquer au sang les propriétés magnétiques que possède un cristal de fer.

Nous nous sommes un peu étendus sur les élucubrations de Durville et de Thacher parce qu'elles sont assez représentatives, à plus d'un siècle de distance, des théories actuelles des magnétiseurs qui prétendent soigner par l'application d'aimants certains adeptes des « médecines alternatives[10] ». La vente aux rhumatisants et aux sportifs de bracelets, colliers, semelles ou matelas magnétiques, qu'ils comportent des aimants ou qu'ils soient supposés être conducteurs d'un fluide magnétique universel, constitue un marché extrêmement lucratif. La recherche des mots « magnétothérapie » ou « magnétisme curatif » sur Internet amène à plusieurs dizaines de milliers de sites consacrés à des thérapies alternatives fumeuses, et à des annonces commerciales proposant des objets magnétiques censés soulager les douleurs. Quant aux mots « magnétisme humain » et « magnétisme et cancer », ils conduisent à des centaines de milliers de sites.

Le corps médical ne pouvait rester indifférent à un problème qui avait toujours soulevé un tel intérêt dans la population. En 1862, les conclusions de Trousseau sur les effets thérapeutiques de l'aimant étaient, pour le moins, nuancées. D'un côté, il remarquait : « Pour nous, qui nous sommes quelquefois servis de l'aimant, nous pouvons affirmer que cet agent thérapeutique exerce sur les parties avec lesquelles il est en contact une influence qu'il est impossible de rapporter seulement à l'imagination des malades. Nous avons vu des douleurs névralgiques modifiées, des accès de dyspnée nerveuse rapidement arrêtés, etc.[11] » Mais plus loin, il se montre hésitant à prendre parti : « Il résulte des expériences consciencieuses qui ont été faites à ce sujet, que l'Aimant n'a réellement réussi que dans des névroses, des névralgies, et dans des rhumatismes ; que ce moyen, en général fort infidèle, ne doit être mis en usage que lorsque l'on a vu échouer tous ceux qui réussissent ordinairement ; que néanmoins il produit chez certaines personnes des effets plus rapidement avantageux qu'aucune autre médication. [...] Les douleurs rhumatismales, quel que fût d'ailleurs leur siège, ont été, dans quelques circonstances, avantageusement combattues par l'Aimant. Les écrits sur cette matière fourmillent de faits qui n'ont pas toujours été observés avec un esprit dégagé de toute prévention. En effet, il aurait fallu tenir compte de l'incertitude de la durée du rhumatisme, des influences hygiéniques nouvelles auxquelles étaient soumis les malades, des circonstances atmosphériques qui avaient pu modifier la marche de l'affection. C'est parce qu'on n'a pas procédé de cette manière que nous ne pouvons ratifier toutes les conclusions auxquelles sont arrivés les auteurs que nous critiquons en ce moment. Toujours est-il que d'incontestables guérisons ont été opérées, guérisons temporaires il est vrai, comme elles le sont presque toujours dans le rhumatisme[12]. »

Il existe aujourd'hui dans la littérature de très nombreux rapports qui évaluent les effets de l'aimant sur les douleurs, au moyen de la technique classique dite « en double aveugle », qui permet de distinguer les effets réels des effets placebo : une population de volontaires, à qui l'on a expliqué le but de la recherche, est divisée en deux groupes ; l'un des groupes reçoit le traitement en cours d'évaluation (par exemple, l'application d'aimants), alors que l'autre ne le reçoit pas (les aimants sont remplacés par des pièces non aimantées). La méthode est appelée « double aveugle » parce que les patients ne savent pas de quel groupe ils font partie, et que les personnes chargées de l'évaluation ne savent pas non plus quel groupe elles évaluent.

Une revue critique des études publiées concernant l'efficacité des aimants comparée à celle des placebos a été récemment effectuée[13]. L'analyse des résultats suggère qu'il n'existe aucun effet significatif des aimants, sauf peut-être dans le cas de l'arthrose, qui mériterait sans doute davantage de recherches. Les auteurs de l'étude concluent que l'usage des aimants pour le soulagement de la douleur ne repose sur aucun fondement scientifique solide et ne devrait pas être recommandé comme traitement clinique efficace.

Chapitre 3

Mesmer et le magnétisme animal

Mesmer et son baquet

Mentionnez le mot « magnétisme » et, pour la plupart, vos interlocuteurs comprendront que vous faites allusion à cette propriété mystérieuse qui permet aux magnétiseurs de soigner les rhumatismes, ou encore à cette attirance inexplicable véhiculée par le regard des individus qui sont doués de « magnétisme ». Ce mot est encore associé aux transes hypnotiques, à la faculté de voir et d'entendre à distance. Rien de tout cela n'a de rapport, *a priori*, avec l'aimant, mais plutôt avec ce fluide universel dont beaucoup ont parlé depuis Paracelse. Et cependant, on trouve parfois des liens avec l'aimant, et c'est à cela que nous allons nous attacher ici.

Le mot « magnétisme » évoque aussi immédiatement le nom de Mesmer, l'illustre magnétiseur, et il faut bien en parler quelque peu[1].

Mesmer soutint en 1766 une thèse de médecine intitulée *De influxu planetarum in corpus humanum* (« L'influence des planètes sur le corps humain »). Laissons-lui la parole : « Je donnai à Vienne en 1766 une dissertation de l'influence des planètes sur le corps humain. J'avançois d'après les principes connus de l'attraction universelle, constatée d'après les observations qui nous apprennent que les planètes s'affectent mutuellement dans leurs orbites, & que la Lune & le Soleil causent & dirigent sur notre globe le flux & le reflux dans la mer, ainsi que dans l'atmosphère ; j'avançois, dis-je, que ces sphères exercent aussi une action directe sur toutes les parties constitutives des corps animaux, particulièrement sur le système nerveux, moyennant un fluide qui pénètre tout. [...] Je nommois la propriété du corps animal, qui le rend susceptible de l'action des corps célestes & de la terre, Magnétisme Animal[2]. »

On admet généralement que c'est le P. Hell qui introduisit Mesmer à l'usage de pièces aimantées, mais Mesmer voyait les choses d'un autre œil : « J'avois confié en 1773, au Père Hell [...], quelques Essais nécessairement informes, de mon système pour lesquels je m'aidais de pièces aimantées. Ce Religieux, voulant usurper ma découverte, répandit dans toute l'Europe, qu'avec des pièces aimantées, auxquelles il supposait une vertu spécifique dépendant de leur forme, il s'étoit assuré le moyen de guérir les maladies de nerfs les plus graves. Il se servoit de moi, disoit-il, pour ses épreuves.

Je n'étois pas encore fait à ces sortes de hardiesse. Celle du Père Hell étoit si mal-adroite ; que je me flattai de détruire aisément ses prétensions, & les erreurs de conséquence qui en pouvoient naître. Je publiai l'existence du Magnétisme-animal comme essentiellement distinct du minéral, en énonçant avec précision que si l'usage de l'aimant étoit utile comme conducteur, il étoit toujours insuffisant, sans le secours de la théorie du Magnétisme Animal. [...] Aujourd'hui même que, depuis 1776, je me suis interdit l'usage de l'aimant & de l'électricité ; l'on affecte encore de prétendre [...] que je n'agis qu'à l'aide de ces deux moyens séparés ou combinés[3]. »

Mesmer conduisait son fluide magnétique vers le patient par imposition des mains ou à l'aide d'une baguette de fer. Il pouvait aussi, prétendait-il, magnétiser des objets, de l'eau ou des arbres, et leur communiquer ainsi une vertu magnétique curative.

Arrivé à Paris en 1778, il devint la coqueluche de la ville, et les gens du peuple, comme les personnes de qualité (même la reine Marie-Antoinette, a-t-on dit) se pressaient autour du fameux baquet.

« Le baquet est une cuve de bois dur, d'un pied et demi de profondeur sur quatre et demi de diamètre, recouverte exactement par un couvert de planches bien jointes ensemble. Ce couvert est percé dans sa circonférence à trois doigts de travers du bord, de plusieurs trous, par lesquels on introduit dans l'intérieur du baquet autant de barres de fer pliées à angle droit qu'il y a de malades assis autour. On dirige la barre de fer qui est hors du baquet, sur la partie affectée du malade ; on établit quelquefois une chaîne de communication entre tous ceux qui sont autour en se donnant la main, ce qui rend l'action du magnétisme plus forte. Le baquet a un pouce et demi de sable dans le fond, recouvert d'un pouce et demi à deux pouces d'eau, et est garni d'un rang de bouteilles rangées en cercle, le col du côté du dehors et magnétisées de cette manière [...]. Le baquet, ainsi garni de bouteilles magnétisées établit une communication entre tous les magnétisés et, par là, facilite l'action du magnétisme sur eux, et l'on peut réellement magnétiser une bouteille comme on surcharge d'électricité une bouteille de Leyde.

Dans le cas de crise, syncope, convulsion, spasme, délire dans le sujet magnétisé, le magnétisant ne doit pas s'étonner[4]. »

Bien entendu, Mesmer rencontra une vive opposition du corps médical. Le médecin et mycologue Jean-Jacques Paulet (1740-1826), auteur d'un *Traité complet sur les champignons* (1775), publia, en 1784, *L'Antimagnétisme ou origine, progrès, décadence, renouvellement et réfutation du magnétisme animal*[5] (**Fig. 18**).

Fig. 18. Paulet, *L'Antimagnétisme*, 1784 : frontispice représentant une satire du magnétisme animal.

Après avoir détaillé le système de Mesmer, Paulet écrivait : « Il est aisé de voir, d'après cet exposé, que tout ce système de M. Mesmer, sur le Magnétisme animal [...] n'est fondé que sur des assertions gratuites, sur la supposition d'une propriété du corps animal, analogue à celle de l'aimant, propriété imaginaire, qui n'a donné naissance qu'à des visions, qu'à l'emploi de moyens absurdes & ridicules pour opérer la guérison de nos maux. » Paulet ne manque pas de noter : « Parmi les maladies, celles qui sont les plus propres à favoriser les opérations du charlatanisme, sont les maladies des nerfs, sur-tout chez les femmes, spécialement l'hystéricie. »

La même année 1784 parut l'ouvrage intitulé *Recherches et doutes sur le magnétisme animal* par Thouret, qui avait déjà rapporté sur l'aimant à la Société royale de médecine[6] (voir chapitre précédent). Sans recourir à l'ironie, Thouret rattachait le magnétisme animal de Mesmer à une longue tradition : « Ce n'est point une chose neuve que ce "magnétisme", ou cette existence supposée d'un agent premier moteur de la nature, & moyen universel de guérison. Sous le premier de ces deux rapports, cette idée a été un sujet de méditation pour toute l'Antiquité, pour les philosophes de tous les siècles. Sous le second, elle a donné naissance à quelques opinions extraordinaires en médecine. ». En particulier, il cita longuement le *De medicina magnetica* de William Maxwell (*fl.* 1676-1687[7]), qui ne fait aucunement mention de l'aimant. Thouret terminait en émettant des doutes sur de nombreux points de la doctrine de Mesmer, et nota « qu'en s'emparant de l'imagination par un appareil imposant, par des procédés extraordinaires, par la confiance que donnent de grandes promesses, & l'enthousiasme, il est possible d'augmenter le ton des fibres sensibles & nerveuses, de diriger ensuite par des attouchements leur impulsion vers certains organes, & d'y exciter ainsi des évacuations ou excrétions, sans qu'il en résulte ni pour la Physique ni pour la Médecine aucune connaissance nouvelle ».

Le 2 avril 1784, l'illustre chimiste Antoine Laurent de Lavoisier (1743-1794), membre de l'Académie royale des sciences, reçut une lettre de mission du baron de Breteuil, ministre de la Maison du Roi, portant : « Le Roi a fait choix de vous, Monsieur, pour procéder, avec plusieurs autres personnes distinguées par leurs lumières et leur expérience, à l'examen de la méthode ou pratique tirée des prétendues connaissances du sieur Mesmer, dont le sieur Deslon[8], médecin de la Faculté de Paris, se soumet à donner l'explication[9]. »

Les autres commissaires étaient : Benjamin Franklin (1706-1790), ministre plénipotentiaire des États-Unis en France, associé étranger de l'Académie des sciences depuis 1772, les physiciens Jean-Baptiste Le Roy (1720-1800) et Gabriel de Bory (1720-1801), l'astronome Jean Sylvain Bailly (1736-1793), tous trois membres de l'Académie des sciences, ainsi que quatre médecins de la Faculté de Paris, Joseph Ignace Guillotin (1738-1814), qui proposa plus tard la machine à laquelle on donna son nom, Michel Joseph Majault (v. 1714-v. 1790), médecin de l'Hôtel-Dieu, Charles Louis Sallin, et le médecin et chimiste Jean Darcet (1725-1801), également de l'Académie des sciences[10].

Dans les papiers de Lavoisier, qui ne furent publiés qu'en 1865 par Jean-Baptiste Dumas, on trouve ces remarques qui méritent d'être citées : « L'art de conclure d'après des expériences et des observations consiste à évaluer des probabilités, et à estimer si elles sont assez grandes ou assez multipliées pour constituer des preuves. Ce genre de calcul est plus compliqué et plus difficile qu'on ne pense ; il demande une grande sagacité et il est en général au-dessus des forces du commun des hommes. C'est sur leurs erreurs dans cette espèce de calcul qu'est fondé le succès des charlatans, des sorciers, des alchimistes. […] C'est surtout en médecine que la difficulté d'évaluer les probabilités est plus grande. Comme […] la nature, abandonnée à ses propres forces, guérit un grand nombre de maladies […], lorsqu'on emploie des remèdes, il est infiniment difficile de déterminer ce qui appartient à la nature ou ce qui appartient au remède. Ainsi, tandis que la multitude regarde la guérison d'une maladie comme la preuve de l'efficacité du remède, il n'en résulte aux yeux d'un homme sage qu'un degré plus ou moins grand de probabilité, et cette probabilité ne peut se convertir en certitude que par un grand nombre de faits de même espèce. Ces réflexions ont frappé Messieurs les commissaires du magnétisme et ils ont reconnu que, pour prouver méthodiquement l'existence du magnétisme par la curation des maladies, il faudrait peut-être la vie de plusieurs hommes. Ils ont donc rejeté un genre de preuve qui pouvait les conduire à admettre un agent qui n'a point de réalité ; ils ont pensé qu'il fallait plutôt remonter à la source et prouver que le magnétisme n'existait pas, pour être en droit de conclure que les curations qu'on lui attribue ne lui étaient pas dues. [...] Si donc les effets du magnétisme, et les convulsions qui en sont quelquefois les suites, peuvent également s'expliquer par l'effet de l'imagination frappée ou exaltée, toute l'attention des commissaires doit se porter à distinguer dans le magnétisme ce qui tient à des causes physiques d'avec ce qui tient à des causes morales, les effets d'un agent réel avec ceux de l'imagination. Il n'y a qu'un seul moyen pour arriver à ce but, c'est de magnétiser des personnes très-sensibles à leur insu, et de leur persuader qu'on les magnétise tandis qu'on ne les magnétisera pas. En réunissant ces deux genres d'expériences, on obtiendra séparément les effets du magnétisme et ceux de l'imagination, et l'on pourra en conclure ce qui doit être attribué à l'un et à l'autre[11]. »

Les expériences eurent lieu chez Franklin, à Passy. Les personnes (des femmes, car « ce sont principalement les femmes qui sont sujettes à ces crises ») magnétisées à leur insu ne manifestèrent aucun effet, alors que des celles qui croyaient être magnétisées, alors qu'elles ne l'étaient pas, tombèrent rapidement en crise.

« Ayant enfin démontré par des expériences décisives, que l'imagination sans magnétisme, produit des convulsions, et que le magnétisme, sans l'imagination, ne produit rien, [les commissaires] ont conclu, d'une voix unanime, sur la question de l'existence et de l'utilité du magnétisme, que rien ne prouve l'existence du fluide magnétique animal ; que ce fluide sans existence est par conséquent sans utilité »

La réputation de Mesmer s'était étendue jusqu'en Chine, d'où le R. P. Joseph Amiot (1718-1793), missionnaire jésuite, écrivait en 1783 à un correspondant[12] : « Je crois pouvoir expliquer par les principes physiques que les Chinois admettent dans la nature, ce que M. Mesmer explique par le magnétisme animal. » Aux deux pôles du magnétisme animal, Amiot faisait correspondre le yin et le yang, dont le déséquilibre dans le corps cause les maladies[13]. « Tout ce que Mr Mesmer a dit du magnétisme animal, les Chinois le disent de l'yn-yang depuis près de quatre mille ans. »

La postérité de Mesmer

En dépit des conclusions négatives des rapports de l'Académie des sciences et de la Société royale de médecine, le magnétisme animal eut un succès durable. D'innombrables ouvrages lui furent consacrés au cours des XIXe et XXe siècles… et encore de nos jours.

Ces ouvrages sont souvent extravagants. Citons seulement, par exemple, *Magnétisme et magnétothérapie*, publié en 1854 par le comte hongrois Ferenc Szapary de Muraszombath[14] (1804-1875), ouvrage qui se trouvait dans la bibliothèque du célèbre neurologue, le professeur Jean-Martin Charcot (1825-1893).

Pour Szapary, « l'homme est représenté comme une batterie électromagnétique où le cerveau occupe la place du réservoir de l'appareil et où les nerfs sont les fils télégraphiques ».

Dans ce manuel de magnétothérapie, rédigé, comme un catéchisme, par demandes et réponses, on trouve par exemple :

« 62– Y a-t-il aussi de l'électricité dans le sang ?

– Il y en a en si grande abondance que la matière électrique peut y être à peu près considérée comme le fluide porteur du magnétisme. […]

66– Que sont donc toutes les maladies ?

– Une lutte de l'électricité surabondante avec la force magnétique ou de celle-ci avec l'électricité. […]

78– La terre est-elle un corps magnétique ?

– Oui, et après avoir attiré la force magnétique du soleil, elle en rend le superflu et attire de plus l'humidité nécessaire à ses créations. […]

83– La force magnétique de l'homme a-t-elle une influence sur l'aiguille aimantée ?

– La force magnétique de quelques individus peut, par une tension plus énergique de leur vouloir, occasionner un courant magnétique et exercer ainsi une influence déviante sur l'aiguille aimantée. »

La troisième partie de l'ouvrage est consacrée au phénomène des tables tournantes, que Szapary appelait « gyro-magnétisme ».

L'aimant à la Salpêtrière

Armand Marie Jacques de Chastenet, marquis de Puységur (1751-1825), fut dès 1782 un disciple de Mesmer. Dans son domaine de Buzancy, près de Soissons, il avait magnétisé un orme, dont il avait fait son assistant pour soigner les paysans de ses terres. Autour du tronc de l'arbre, il avait enroulé une corde reliant entre eux les malades assis alentour, qui recevaient ainsi les bienfaits du fluide magnétique. C'est en 1784 qu'il découvrit le *somnambulisme artificiel.* Ayant magnétisé un jeune paysan nommé Victor Race, il s'aperçut que celui-ci s'était endormi et parlait de ses affaires. Puységur lui inspira alors des idées différentes et vit Victor y réagir, en parlant, sans se réveiller. Il n'avait pas besoin de lui parler, il pensait et Victor lui répondait.

On crut que les « somnambules » magnétisés étaient capables de voyance. Dans le roman de Balzac *Ursule Mirouët* (1841), le docteur Minoret, antimesmérien acharné, fut converti après une séance, à Paris, avec une somnambule qui lui raconta par le menu ce que faisait sa pupille, à l'instant même, à Nemours.

L'abbé portugais José Custodio de Faria[15] (v. 1746-1819) comprit que le somnambulisme, qu'il appelait « sommeil lucide », n'était pas causé par le « fluide magnétique » de Mesmer et de Puységur (dont il était l'ami), mais était un phénomène d'autosuggestion. Chateaubriand raconta (vers 1802) : « L'abbé Faria, à un dîner chez madame de Custine, se vanta de tuer un serin en le magnétisant : le serin fut le plus fort, et l'abbé, hors de lui, fut obligé de quitter la partie, de peur d'être tué par le serin[16]. » Le serin était apparemment rebelle à l'autosuggestion.

On pense généralement que les expériences de Puységur et de l'abbé Faria sur le somnambulisme sont à l'origine des travaux de Charcot sur l'hypnose. En 1878, le professeur Charcot commença à s'intéresser aux manifestations de l'hystérie, névrose qui donne lieu à des troubles somatiques, tels que paralysie ou crises pseudo-épileptiques, et à leur traitement par l'hypnose.

Charcot était un clinicien et neurologue[17]. Nommé chef de service à l'hôpital parisien de la Salpêtrière en 1862, il décrivit alors des maladies dégénératives du système nerveux : sclérose en plaques, sclérose latérale amyotrophique (maladie de Charcot), etc. En 1872, il obtint la chaire d'anatomie pathologique et, en 1882, fut créée pour lui la première chaire de clinique des maladies du système nerveux. Il donna ses « Leçons du mardi matin », au cours desquelles il présentait ses patientes hystériques et commentait leur cas clinique. Les leçons de Charcot à la Salpêtrière étaient des événements mondains[18], où se pressait le Tout-Paris, et dont la réputation s'étendait à l'étranger : Sigmund Freud vint suivre son enseignement, à la fin de 1885.

Charcot n'était pas psychiatre et pensait trouver les causes physiologiques, plutôt que psychologiques, de ce qu'il appela la grande névrose hypnotique, caractérisée, selon lui, par trois phases : l'état de léthargie, obtenu par fascination ou compression des globes oculaires, l'état de catalepsie, dans lequel les membres restent dans la position qu'on leur donne, et enfin l'état de somnambulisme.

Mais revenons à l'aimant, dont le magnétisme animal nous avait quelque peu éloignés. Au mois d'août 1876, Charcot avait été désigné par Claude Bernard (1813-1878), président de la Société de biologie, pour faire partie, avec ses confrères Jules Luys (1828-1897) et Victor Dumontpallier[19], d'une commission chargée d'étudier quels étaient les résultats obtenus par l'application de métaux sur la surface cutanée. Cette méthode, la « métalloscopie », était proposée par le docteur Victor Burq (1823-1884).

En 1886, Joseph Babinski (1857-1932) chef de clinique de Charcot[20], écrivait : « Sous l'influence de l'application de métaux ou bien encore de l'aimant, on peut voir chez certains sujets quelques manifestations de l'hystérie, telles que l'anesthésie sensitive et sensorielle, les paralysies, les contractures, les arthralgies, lorsqu'elles sont limitées à un côté du corps, disparaître de ce côté et apparaître du côté opposé. C'est là, comme on sait le phénomène de transfert constaté par la commission de la Société de biologie[21]. [...]

Des recherches nouvelles que nous avons faites dans le Service de notre maître M. Charcot nous ont montré que deux sujets peuvent jouer au point de vue du transfert, l'un par rapport à l'autre, un rôle analogue à celui que joue chez un seul sujet un côté du corps par rapport au côté opposé. [...] Expériences qui ont porté sur deux jeunes filles hystéro-épileptiques [...]. Nous les avons d'abord mises simplement en rapport l'une avec l'autre, [...] et nous avons placé un aimant à côté de l'une d'elles. Nous avons alors observé qu'une des deux malades, d'hémianesthésique qu'elle était, devient au bout de quelque temps anesthésique totale, et en même temps l'autre malade recouvre la sensibilité dans son côté anesthésié, tout en la conservant du côté opposé. Puis un nouveau transfert s'opère même si on éloigne l'aimant, la première malade devenue anesthésique totale recouvre la sensibilité dans toute l'étendue de son corps et la seconde devient à son tour anesthésique totale, et il se fait ainsi une série d'oscillations consécutives[22]. »

On notera que Babinski ne précisait aucune des conditions de l'expérience : force et position de l'aimant, durée d'application, fréquence des oscillations, etc. D'ailleurs, il était sans doute conscient de la fragilité de ses résultats, car s'il mentionna cette communication dans la bibliographie de sa notice sur ses travaux scientifiques de 1892, il ne l'analysa pas dans le corps de la notice. En outre, elle ne figure pas dans l'exposé de ses travaux de 1913, pas plus que dans son *Œuvre scientifique* de 1934[23].

Charcot, lui-même, utilisa l'aimant (sans doute temporairement et brièvement) pour effectuer le transfert de contractures ou d'insensibilité d'une moitié du corps à l'autre. Il nota, sous l'intitulé *Contracture traumatique* : « Un aimant a été appliqué du côté de la contracture, la sensibilité est revenue sans transport au membre supérieur droit, au tronc, à la tête, au bras, mais non à la main et au poignet. Sur ces entrefaites, le malade est sorti, craignant pour des raisons spéciales d'être guéri trop vite.

Il est rentré ces jours-ci ; on a fait une nouvelle application de l'aimant, qui a amené cette fois la disparition de l'insensibilité de la main et a provoqué un engourdissement et un commencement de rigidité de la main du côté opposé[24]. » Pas plus que Babinski, Charcot ne précisait les conditions de cette expérience, qui, peut-on penser, n'apporte rien à sa gloire.

Jules Luys, neurologue distingué, s'intéressait à l'occultisme et dirigeait la *Revue d'hypnologie théorique et pratique*. Il y publia, en 1890, un article intitulé « Action psychique des aimants[25] » Il y décrivit, avec davantage de détails que Babinski et Charcot, les expériences menées sur des sujets hystériques : « Je me suis servi d'un barreau aimanté à cinq lames superposées et mesurant 50 centimètres de longueur. [...] Le sujet en expérience est mis en léthargie par les procédés usuels [...] puis, sur une table juxtaposée, on place le barreau aimanté et on maintient le pôle nord à environ 20 centimètres du côté gauche du sujet. Au bout de quelques secondes, le sujet commence à présenter quelques secousses dans tout le côté gauche comme s'il subissait l'action d'une décharge électrique, puis il s'incline dans la direction de l'aimant. Il s'en rapproche insensiblement, s'empare du barreau et le tient par le pôle qui est le plus proche d'une seule main, de la main gauche dans ce cas ; et alors, passant par ce contact, *motu proprio*, en période de somnambulisme lucide, il commence à s'exclamer : “Oh ! comme je suis bien ! que je suis heureux, je voudrais vivre dans cet état”, dit-il. Ses regards se portent du côté du pôle, et il y voit des flammes bleuâtres et violettes ; il les fixe avec satisfaction, les touche même avec ses doigts et s'étonne de ne pas être brûlé. »

Luys prétendait aussi pratiquer le « transfert d'états psychiques » entre trois sujets, dont le premier « était mis, à l'aide du pôle nord d'un aimant, en période de satisfaction » et transmettait cet état psychique à un second sujet qu'il tenait par la main, qui lui-même le transmettait à un troisième.

Il est bien clair que le magnétisme animal, s'il a sa place dans l'histoire de la médecine, ne joue plus aucun rôle actuellement.

Conclusion

Le mot « aimant », de nos jours, n'évoque plus la pierre d'aimant ; il se réfère plus volontiers, dans le langage courant, aux aimants artificiels, comme ceux avec lesquels on décore les portes des réfrigérateurs, vendus sous le nom de « magnets ».

La boussole n'est plus guère utilisée que par les boy-scouts et les géologues ; les randonneurs sont aujourd'hui équipés de GPS. Et si un compas magnétique existe toujours à bord des unités de la Marine nationale, ainsi que dans les avions civils et militaires, c'est à titre de secours, en cas de panne du compas gyroscopique.

Le magnétisme terrestre, en revanche, est un sujet de recherche très actif. Les théories sur la « géodynamo », source du champ magnétique dans le noyau de la Terre, sont continuellement améliorées. Les paléomagnéticiens utilisent le magnétisme fossile des roches, souvent dû à la magnétite, pour retrouver la position des continents, lors des ères géologiques passées, et donc reconstituer leur dérive. Ils l'utilisent aussi pour suivre l'évolution au cours du temps de l'intensité du champ magnétique terrestre.

La médecine, à l'exception de la médecine traditionnelle chinoise, n'utilise plus l'aimant par voie interne. Les médecins ne croient pas que l'application d'aimants puisse guérir les maladies et, en grande majorité, ils ne sont pas persuadés de leur efficacité pour soulager les douleurs. Mais on utilise toujours l'aimant pour extraire des particules de fer du globe oculaire, ainsi que pour faire des examens en imagerie par résonance magnétique.

Cela dit, partant peut-être du principe que « si cela ne fait pas de bien, cela ne fait pas de mal », un public nombreux a néanmoins recours aux bracelets, colliers ou amulettes magnétiques dont on trouve, à foison, des offres sur Internet. Quant aux magnétiseurs, détenteurs du fameux (et fictif) fluide, ils ont apparemment toujours autant de succès qu'à l'époque de Mesmer[1].

Références et notes

Première partie. L'aimant et le magnétisme terrestre, des origines au XXe siècle

Chapitre 1. L'aimant, de l'Antiquité au XVIIe siècle (p. 9-18)

1. Si l'on excepte la chute des corps, considérée comme allant de soi par les Anciens qui admettaient, conformément à l'expérience courante, que certains corps tombent et que d'autres montent.

2. Pline*, Histoire naturelle*, XXXIV, 16, trad. É. Littré, Paris, Firmin Didot, 1855.

3. A. Kircher, *Magnes, sive de arte magnetica*, Cologne, J. Kalcoven, 1643, Lib. I, Pars I, Prolegomena, p. 1.

4. *Philosophorum labyrinthus & abyssus impenetrabilis.*

5. Platon, *Ion*, V, 533.

6. Th. Henri Martin, *Observations et théories des anciens sur les attractions et répulsions magnétiques, Atti dell'Accademia pontificia de' nuovi Lincei*, 1864-1865, t. XVIII, p. 17-32.

7. *Quod cumprimum vidi, vehementer inhorrui.*

8. Augustin, *De Civitate Dei*, XXI, 4, 4, (Migne, *Patrologie latine*, t. XLI, col. 714.)

9. J. Cardan, *De subtilitate*, (1550), trad. française de R. Le Blanc, 1578, VII, p. 184.

10. G. Della Porta, *Magia naturalis*, Francfort, A. Wechel, 1597, VII, 25.

11. Le caractère désignant la pierre d'aimant (*ci* 磁) était anciennement le caractère 慈, de prononciation identique, dont le sens était « aimant » (du verbe aimer) et qui comportait la clé du cœur. Dans le caractère actuel, la clé du cœur est remplacée par la clé de la pierre. Dans tout ce qui suit, la transcription des caractères chinois sera donnée en *pinyin*, et non dans la transcription de l'École française d'Extrême-Orient, qui n'est plus utilisée.

12. Li Shu Hua, *Origine de la boussole*, Isis, vol. 45, 1954, p. 175-196. Klaproth (*Lettre à M. le baron de Humboldt sur l'origine de la boussole*, 1834) attribue cette observation à Chen Cangqi, pharmacologiste du VIIIe siècle, dans son traité *Ben cao shi yi* (huit siècles et demi avant Li Shizhen).

13. R. Radau, *Le magnétisme*, Paris, Hachette, 1881.

14. Les explications sur l'étymologie de ce nom sont plus fantaisistes les unes que les autres, et il vaut mieux avouer notre ignorance.

15. Th. Henri-Martin, *La foudre, l'électricité et le magnétisme chez les Anciens*, Paris, Didier, 1866.

16. Dans le *Glossarium mediæ et infimæ latinitatis* de Du Cange (1766), à l'article *adamas,* on lit : « *ADAMAS, Magnes, Gall. Aimant, a verbo Adamare.* [...] *Hæc sic emenda: At vero nostris olim Adamas prius dicebatur aimant, quam vocaretur Diamant : quæ utraque vox a verbo adamas originem habet.* »

17. Le *Dictionnaire de la langue française du seizième siècle* d'Edmond Huguet (Paris, E. Champion, 1925) traduit *Aimant* par *Acier* (considéré comme symbole de solidité et de dureté) et donne comme exemple les vers : « Contre le roc de ta rigueur cruelle / Amour m'attache à mille clous d'aimant » (Ronsard, *Amours de Cassandre*, I, 8). À l'article *Diamant*, il donne comme exemple des vers d'Étienne Pasquier qui mentionnent des *cloux de diamant*!

18. Marbode, *De lapidibus*, Patrologie latine, Paris, Migne, 1854, vol. 171.

19. Pline*, Histoire naturelle*, XXXVII, 4.

20. Albert le Grand, *Le Monde minéral* (*De Mineralibus,* 1262-1263), Paris, Le Cerf, 1995, II, ch. 11.

21. J. de Mandeville, *Voyage autour de la Terre* (1356), Paris, Les Belles Lettres, 1993, XVII, p. 123.

22. Plutarque, *Propos de table*, trad. F. Fuhrmann, Les Belles Lettres, 1972, lib. II, Question VII.

23. A. Still, *Soul of lodestone,* New York, Murray Hill, 1946, p. 37 ; P. Fleury Mottelay, *Bibliographical History of Electricity and Magnetism, chronologically arranged*, London, Ch. Griffin, 1922., p. 105.

24. G. Della Porta, *Magia naturalis*, Naples, 1558, VII, 48 : *Nam non solum flatus,& ructus alliorum magnetem a suo trahendi munere non distrahebant.*

25. S. Zweig, *Magellan*, Paris, Grasset, 1938.

26. Jérôme Cardan ; le jésuite vénitien Leonardo Garzoni (1543-1592) : L. Garzoni, *Trattati della calamita* (a cura di Monica Ugaglia), Milano, Francoangeli, 2005, Trattato I, cap. 1 ; William Gilbert (1544-1603), médecin de la reine Élisabeth d'Angleterre : W. Gilbert, *De Magnete* (1600), trad. P. Fleury Mottelay, New York, Dover, 1958, I, 1, p. 2 ; Anselme Boèce de Boodt (1550-1632), médecin de l'empereur Rodolphe II, et auteur d'un célèbre traité de minéralogie : A. Boèce de Boodt, *Gemmarum et lapidum historia*, Hanovre, Marnius, 1609, II, 4, p. 60.

27. J. Cardan, *De subtilitate*, (1550), trad. française de R. Le Blanc, 1578, VII, p. 184.

28. M. Mersenne, *Questions Inouyes* (1634), Paris, Fayard, 1985, Quest. XVI.

29. Th. Browne, *Pseudodoxia Epidemica* (1658), Paris, J. Corti, 2004, II, 3.

30. P. Fara, *Sympathetic attractions : magnetic practices, beliefs and symbolism in eighteenth century England*, Princeton U. Press, 1996.

31. « Anti-magnetic property of the onion », *The Naval Chronicle for 1817*, London, vol. 37, p. 29.

32. On ne compte pas le nombre d'interdits liés au flux menstruel. Cf. B. Lepoutre *et al.*, « Le flux menstruel. Représentations à travers le temps et les cultures », *Médecine*, vol. 5, 2009, 427-429.

33. F. Bellec, *Les hypothèses de Joao de Lisboa, déviation magnétique et fausses pistes*, in *Le calcul des longitudes*, sous la dir. de V. Jullien, Presses universitaires de Rennes, 2000.

34. Cl. Lecouteux, « La Montagne d'Aimant », in *La Montagne dans le texte médiéval, entre mythe et réalité*, Cl. Thomasset & D. James-Raoul, eds, Presses U. Paris-Sorbonne, 2000, p. 167-186.

35. J. Klaproth, *Lettre à M. le baron A. de Humboldt sur l'invention de la boussole*, Paris, Dondey-Dupré, 1834, p. 117.

36. *Les Mille et Une Nuits*, LIIIe nuit, Histoire du troisième calender, fils de roi, trad. Galland, Paris, Hachette, 1865.

37. Gonzalo Fernadez de Oviedo (1478-1557), chroniqueur espagnol, auteur de *La historia general y natural de las Indias.*

38. Olaus Magnus (1490-1557), religieux suédois, auteur de *Historia de gentibus septentrionalibus.*

39. J. d'Alencé, *Traitté de l'Aiman*, Amsterdam, H. Wetstein, 1687.

40. Cyrano de Bergerac, *Histoire comique des États et Empires de la Lune*, Paris, 1657.

41. A. Boèce de Boodt, *op. cit.,* p. 60.

42. Hildegarde de Bingen, *Le livre des subtilités des créatures divines*, Livre des pierres, ch. XXVIII, Grenoble, J. Millon, 1988, p. 263.

43. J. Cardan, *De subtilitate*, (1550), *op. cit.*, VII, p. 184.

44. Nemesius, *De la nature de l'homme*, trad. J. B. Thibault, Paris, Hachette, 1844.

45. F. de Mély, *Les lapidaires de l'Antiquité et du Moyen Âge*, t.1, *Les lapidaires chinois*, Paris, E. Leroux, 1896, p. 108.

46. *Ibid.*, p. 133.

Chapitre 2. L'aiguille aimantée et la boussole (p. 19-24)

1. A. Still, *Soul of lodestone,* New York, Murray Hill, 1946, p. 54 sqq.

2. A. Neckam, *De naturis rerum*, ed. by Th. Wright, London, Longman, 1863, Lib. II, cap. XCVIII.

3. *Les œuvres de Guiot de Provins*, éditées par John Orr, Manchester, Imprimerie de l'Université, 1915, p. 29.

4. *Ibid.,* Introduction, p. XXXI.

5.A. Crichton Mitchell, « Chapters in the History of terrestrial magnetism, I. On the directive property of a magnet in the earth's field and the origin of the nautical compass », *Terrestrial magnetism and atmospheric electricity*, 1932, vol. 37, p. 105-146. Voir aussi l'introduction des *Œuvres de Guiot de Provins,op. cit.*

6. *Acus ferrea postquam adamantem contingerit, ad stellam septentrionalem* [...] *semper convertitur : unde valde necessarius est navigantibus in mare.*

7. *Histoire orientale de Jacques de Vitry,* trad. M.-G. Grossel, Paris H. Champion, 2005, chap. 91. Mme Grossel traduit *adamas* par diamant, ce qui l'amène à écrire « une aiguille de fer touchée par le diamant ». Mais on a vu qu'*adamas* désignait aussi l'aimant.

8. A. Mottana, « Oggetti e concetti inerenti le scienze mineralogiche ne la *Composizione del Mondo con le sue cascioni* di Restoro d'Arezzo (anno 1282) », *Rendiconti Lincei Scienze fisiche e naturali*, Serie IX, vol. X, p. 133-229, 1999.

9. Restoro d'Arezzo, *Composizione del Mondo con le sue cascioni,* 1282, Lib. II, 6. 4.2.12.

10. G. Fournier, *Hydrographie, contenant la théorie & la practique de toutes les parties de la navigation*, Paris, M. Soly, 1643, Livre XI, chap. I.

11. A. Crichton Mitchell, *op. cit.*, p. 127. Voir aussi Chiara Frugoni, *Medioevo sul naso,* Bari, Laterza, 2001.

12. R. Pasqual, *Descubrimiento de la Aguja náutica, de la situacion de la América, del Arte de navegar y de un nuevo método para del adelantamiento en las artes y ciencias*, Madrid, M. Gonzalez, 1789.

13. *El B. Raymundo Lulio fue el primero que descubrió el secreto de dirigirse al Polo la Aguja tocada en el iman, y el uso de ella para la navegacion.* Op. cit. §1.

14. D. A. Azuni, *Dissertation sur l'origine de la boussole*, Paris, Jeunehomme, 1805.

15. J. Klaproth, *Lettre à M. le baron A. de Humboldt sur l'invention de la boussole*, Paris, Dondey-Dupré, 1834.

16. 指南针

17. 指北针

18. Compilé vers l'an 100 par le philologue Xu Shen (58-147).

19. Li Shu Hua, *Origine de la boussole*, *Isis*, vol. 45, 1954, p. 175-196.

20. Li Shu Hua, *Ibid.*

21. *Mengqi bitan,* 夢溪筆談 ou « Bavardages du pinceau, au ruisseau des rêves » chap. 28, note 437. Le caractère 溪 « ruisseau » qui se prononçait *qi*, se prononce maintenant *xi*. Le nom de l'auteur, Shen Kuo 沈 括, est souvent cité avec son ancienne prononciation : Shen Gua.

22. 然常薇边东不全南也 *Ran chang wei bian dong bu quan nan ye.* Notons que le caractère *chang* 常 doit être traduit par « souvent » ou « d'habitude » et non par « constamment ».

23. Le texte chinois comporte le caractère 繭 « jian » qui veut dire cocon. Needham traduit correctement : « une seule fibre de cocon de soie nouvelle ». Il est difficile de croire que Biot se soit trompé à ce point. Un correcteur, pensant que cocon était une erreur, l'a-t-il remplacé par coton ?

24. É. Biot, Note sur la direction de l'aiguille aimantée en Chine et sur les aurores boréales observées dans ce même pays, *C.R. Acad. sci. Paris*, 1844, vol. 19, p. 822-839.

25. J. Needham, *Science and civilisation in China*, Cambridge U. Press, 1962, vol. IV, part I, p. 230 sqq.

26. A. Crichton Mitchell, « Chapters in the History of terrestrial magnetism, II. The discovery of the magnetic declination », *Terrestrial magnetism and atmospheric electricity*, 1937, vol. 42, p. 243.

27. D. W. Fu, « On *Mengxi Bitan*'s world of marginalities and "south pointing needles" », in *De l'un au multiple*, V. Alleton et M. Lackner, Paris, Maison des sciences de l'homme, 1999, p. 177-201.

28. J. Brenier et al., « Shen Gua (1031-1095) et les sciences », *Rev. Histoire des sciences*, 1989, vol. 42, p. 333-351.

29. J. Needham, *Science and civilisation in China*, Cambridge U. Press, 1962, Vol. IV, part 1, p. 239.

30. *Ibid.* p. 279.

31. A. Crichton Mitchell, « Chapters in the History of terrestrial magnetism, I. On the directive property of a magnet in the earth's field and the origin of the nautical compass », *Terrestrial magnetism and atmospheric electricity*, 1932, vol. 37, p. 130.

Chapitre 3. L'aiguille aimantée, instrument des premiers magnéticiens (p. 25-42)

1. Traduite d'abord en italien et commentée par le religieux banabite Timoteo Bertelli : « Sopra Pietro Peregrino di Maricourt e la sua epistola de magnete, Memoria prima », *Bull. di biblio. e di storia delle scienze matematiche e fisiche*, t. I, 1868 ; « Sulla epistola di Pietro Peregrino di Maricourt e sopra alcuni trovati e teorie magnetiche del secolo XIII, Memoria seconda », *Ibid.* Elle fut traduite en français par P. Radelet de Grave et D. Speiser, « Le De Magnete de Pierre de Maricourt », *Revue d'histoire des sciences*, 1975, vol. 28, p. 193-234.

2. M. Blackman, « The Lodestone : a Survey of the History and the Physics », *Contemporary Physics*, 1983, vol. 24, p. 319-331.

3. R. Halleux, Entre philosophie naturelle et savoir d'ingénieur : l'Epistula de magnete de Pierre de Maricourt, *Archives internationales d'histoire des sciences*, 2006, vol. 56, p. 3-17.

4. L. Garzoni, *op. cit.*, p. 222.

5. Petrus fut l'un des premiers d'une longue lignée d'inventeurs du mouvement perpétuel fondé sur l'attraction magnétique (*cf.* A. W. J. G. Ord-Hume, *Perpetual motion*, New York, St Martin's Press, 1977). Citons seulement le système de Jean Taisnier (1508-1562) : un globe d'aimant placé au sommet d'une colonne attire une boule de fer le long d'une rampe inclinée ; arrivée au voisinage de l'aimant, la boule tombe dans un trou pratiqué dans la rampe et est ramenée au départ de la rampe, qu'elle remonte, attirée par l'aimant… et ainsi de suite ! Kircher, qui mentionne ce système (*op. cit.*, p. 292) explique pourquoi il ne peut pas fonctionner. Il faut cependant noter que, à la différence du système de Taisnier, le mouvement de la sphère de Petrus n'est pas un véritable mouvement perpétuel, puisque, dans l'idée de Petrus, il est entretenu par la force extérieure responsable de la rotation du ciel.

6. J. Robison, *A System of Mechanical Philosophy*, London, John Murray, 1822, vol. IV, p. 214.

7. L'étoile Polaire (α de la Petite Ourse) est actuellement distante d'un peu moins de 1° du pôle nord céleste.

8. J. Taisnier, *Opusculum perpetua memoria dignissimum, de natura magnetis et eius effectibus*, Cologne, J. Birckmann, 1562.

9. R. Norman, *The newe attractive*, London, 1720.

10. *Calamita* est le nom italien de l'aimant.

11. L. Garzoni, *Trattati della calamita, (a cura di Monica Ugaglia)*, Milano, Francoangeli, 2005.

12. Norman se réfère au célèbre manuel du cosmographe royal espagnol Martin Cortés de Albacar (1510-1582), *The arte of navigation*, paru en 1561, traduction en anglais du *Breve compendio de la sphera y de la arte de navegar* (1551). Le fait que Norman cite seulement Cortés comme tenant de la thèse que l'aiguille est attirée par les pôles célestes du monde montre qu'il ne connaissait pas Peregrinus.

13. L. Garzoni, *Trattati della calamita, (env. 1580) a cura di Monica Ugaglia*, Milano, Francoangeli, 2005, Introduzione; M. Ugaglia, «The Science of Magnetism before Gilbert. Leonardo Garzoni's Treatise on the Loadstone», *Annals of Science*, 2006, vol. 63, p. 59-84.

14. L. Garzoni, *op. cit.*, p. 104.

15. Pour les scolastiques, tout être que nous percevons est constitué de deux éléments : 1) la matière, qui est l'être conçu en tant que contenant en lui tous les états par lesquels il peut passer ; c'est le principe indéterminé, passif ; 2) la forme substantielle, qui spécifie et actualise la matière ; c'est l'essence active. La vertu dormitive de l'opium est une forme substantielle (Molière, *Le malade imaginaire*, III, 14).

16. *Ibid.*, p. 183.

17. M. Faraday, *Experimental researches in Electricity*, London, Taylor and Francis, 1855, vol. III, p. 328, 402, 438.

18. Plus connu pour son *Histoire du concile de Trente*, et pour avoir pris le parti de Venise dans la querelle entre la Sérénissime et le pape Paul V.

19. *Ibid.*, Introduzione, p.77.

20. *Ibid.*, Appendice.

21. Gilbert n'a parfois pas été mieux traité par les Français. La *Biographie universelle*, Paris, Furne, 1833, l'expédie en quelques lignes : «Médecin de la reine Elisabeth, né à Colchester, m. en 1603, a joui pendant sa vie d'une haute réputation que ses écrits ne justifient pas. [...]»

22. W. Gilbert, *De Magnete*, 1600, trad. P. Fleury Mottelay, New York, Dover, 1958, p. 9.

23. J. A. Bennett, «Cosmology and the magnetical philosophy», *J. for the History of Astronomy*, vol. 12, 1981, p. 165-177.

24. *Iustæ magnitudinis.*

25. *Hic ita præparatus lapis, vera est, homogenæa, ejusdemque figuræ, telluris soboles.*

26. W. Gilbert, *op. cit.*, p. 23-24.

27. *Ibid.*, p. 64.

28. J. Henry, «Animism and Empiricism : Copernican Physics and the Origins of William Gilbert's Experimental Method», *J. of the History of Ideas*, 2001, vol. 62, p. 99-119.

29. G. Freudenthal, «Theory of matter and cosmology in William Gilbert's De Magnete», *Isis*, 1983, vol. 74, p. 22-37.

30. Selon Aristote, le terme de «forme» désigne tantôt l'aspect géométrique extérieur (μορφή) et tantôt l'idée ou le concept d'une chose (ἰδέα). Aristote distingue quatre sens du mot «cause», qui sont quatre façons de parler d'une seule et même chose. Ainsi, prenant l'exemple d'une statue, on distinguera : 1) La matière, c'est-à-dire «ce dont provient une chose et qui est en elle» (le bronze dont la statue est tirée) ; 2) La cause formelle, c'est-à-dire ce qui fournit la définition de la chose, ce qui permet de dire que c'est une statue et non un bouclier ; 3) «Le principe premier d'où vient le mouvement ou le repos» ce que la tradition appellera la cause motrice ou efficiente (l'art ou la technique mis en œuvre par l'artiste qui a produit la statue) ; 4) «Le pourquoi de la chose», la cause finale (qui détermine le mouvement d'organisation des causes motrices propre à faire que le processus aboutisse à la statue définie).

31. W. Gilbert, *op. cit.*, p. 105.

32. *Ibid.*, p. 282.

33. *Ibid.*, p. 302.

34. *Ibid.*, p. 313.

35. Galileo, *Dialogo dei Massimi Sistemi* (1632), Milano, Mondadori, 1996, Giornata terza, p. 411 sqq.

36. *Ibid.*, p. 418.

37. P.N. Mayaud, *La condamnation des livres coperniciens et sa révocation, à la lumière des documents inédits de la Congrégation de l'Index et de l'Inquisition*, Rome, Università Gregoriana, 1997.
38. *Ibid.*
39. A. Kircher (*op. cit.* p. 485) rétorquera que ce n'est pas parce que Gilbert ne comprend pas que c'est faux !
40. W. Gilbert, *op. cit.*, liv. VI, ch. III.
41. J. Henry, *op. cit.* p. 106.
42. Kircher, *op. cit.* p. 482.
43. W. Gilbert, *op. cit.*, liv. VI, ch. IV.
44. *Ibid.*, liv. VI, ch. VI.
45. Wright a probablement écrit les parties du *De Magnete* concernant les aspects mathématiques et les applications à la navigation (S. Pumfrey, Latitude & the magnetic Earth, Icon Books, U.K., 2002).
46. Le mot *osmund* ou *osmound* désignait du fer de grande qualité provenant des régions baltiques et vendu en petites barres (*Oxford English Dictionary*). L'étymologie donnée par Ridley est, bien sûr, ad hoc et fantaisiste.
47. M. Ridley, *A short treatise of Magneticall bodies and motions*, London, N. Okes, 1613, p. 3.
48. W. Gilbert, *op. cit.*, liv. VI, ch. IV.
49. J. Henry, *op. cit.*, p. 108.
50. S. Petra Sancta, *De symbolis heroïcis*, Anvers, Plantin, 1634, livre IV, chap. V, p. 145-147.
51. Francis Line (1595-1675), jésuite, critique des théories de Newton et de Boyle.
52. *Viginti quatuor horarum omnino circumagitur.*
53. « Niccolò Fabri di Peiresc a Galileo, 1er Aprile 1635 », in *Le Opere di Galileo Galilei*, Firenze, Barbèra, 1905, vol. 16, p. 245-248.
54. M. Mersenne, *Correspondance*, vol. 8 (août 1638-déc. 1639) C. de Waard, Paris, CNRS, 1963, p. 754-761.
55. [...] *absonam & peregrinam opinionem* (jeu de mots sur Peregrinus), Kircher, *op. cit.*, p. 85.
56. J. Kepler, *Epitome astronomiæ Copernicanæ*, Francfort, J.G. Schönwetter, 1635, lib. IV, Pars II, p. 582.
57. G. Simon, *Kepler astronome astrologue*, Paris, Gallimard, 1979 ; Max Jammer, *The concept of force*, Harvard U. Press, 1957, p. 78.
58. Kircher, *op. cit.*, p. 486 sqq.
59. R. Halleux, « Magnétisme et phénomènes apparentés », in M. Blay et R. Halleux, *La science classique*, Paris, Flammarion, 1998, p. 596.
60. M.R. Baldwin, « Magnetism and the Anti-Copernican polemic », *J. for the History of Astronomy*, vol. 16, 1985, p. 155-174.
61. J. Grandami, *Nova demonstratio immobilitatis terræ petita ex virtute magnetica*, La Flèche, Griveau, 1645.
62. N. Cabeo, *Philosophia magnetica*, Ferrare, 1629.
63. A. Kircher, *Magnes, sive de arte magnetica*, Cologne, J. Kalcoven, 1643, Lib. III, sectio I, § 1, p. 478 sqq.
64. La palme valait environ 12,4 cm.

Chapitre 4. L'aiguille aimantée et le secret des longitudes (p. 43-60)
1. Si φ est la latitude, h la hauteur du Soleil sur l'horizon et δ sa déclinaison qui varie au cours de l'année (la déclinaison d'un astre, qui n'a rien à voir avec la déclinaison magnétique, est sa hauteur sur le plan équatorial ; elle est donnée par des tables), on a : $90° - \varphi = h - \delta$.

2. J.-P. Poirier, *Le secret des longitudes*, Navigation, vol. 50, 2002, p. 94-107.
3. *Journal de voyage de M. le marquis de Courtanvaux sur la frégate l'Aurore, pour essayer, par ordre de l'Académie, plusieurs instrumens relatifs à la longitude*, Paris, Imp. Royale, 1768.
4. P. Gassendi, *Vie de l'illustre Nicolas-Claude Fabri de Peiresc*, Belin, 1999, livre V.
5. S. Arzano & Y. Georgelin, « Les astronomes érudits en province : Peiresc et Gassendi », in *Sur les traces des Cassini*, Nice, 1996, p. 311-329.
6. *Cf.* F. Bellec, « Les hypothèses de João de Lisboa, déviation magnétique et fausses pistes », in *Le calcul des longitudes*, sous la dir. de V. Jullien, Presses universitaires de Rennes, 2000, p. 37-59.
7. L. Euler, *Lettres à une princesse d'Allemagne*, Francfort, 1774, t. III.
8. A. Crichton Mitchell, *Chapters in the History of terrestrial magnetism, II. The discovery of the magnetic declination, Terrestrial magnetism and atmospheric electricity*, 1937, vol. 42, p.242-280.
9. João de Lisboa, *Livro de marinharia ; Tratado da agulha de marear* (1514), Lisboa, L. da Silva, 1903.
10. La rose de la boussole est divisée en 32 quarts de 11,25°.
11. Une lieue portugaise valait environ 6 km.
12. La distance entre Ponta Delgada (Açores) et Lisbonne est de 1 434 km, soit environ 240 lieues portugaises. Les pilotes avaient raison !
13. *Quomodo mundi longitudo magnetis ope possit investigari.*
14. « Déclinaison » et « variation » étaient synonymes à l'époque de la marine en bois. On réserve maintenant le nom de « variation » à l'angle entre le nord indiqué par le compas et le nord géographique. La variation est la somme de la déclinaison (angle entre le nord magnétique et le nord géographique) et de la déviation (angle entre le nord compas et le nord magnétique), causée par les masses de fer du navire. Notons que, même sur les navires en bois, les canons et ancres introduisaient une déviation notable, mais inconnue et d'ailleurs non soupçonnée. Siméon Denis Poisson, en 1838, s'intéressa à ce problème et en donna une solution qui était encore appliquée en 1900 (Poisson, *Mémoire sur les déviations de la boussole produites par le fer des vaisseaux*, C.R. Acad. sci. Paris, vol. 6, 1838, p. 755-766).
15. Du latin *chalybs*, « acier » (de l'aiguille aimantée).
16. A. Kircher, *op. cit.*, Lib. II Pars VI, Problema VI, p. 443.
17. Le nom de Le Nautonier n'est mentionné qu'une fois, en passant et parmi d'autres, dans le monumental ouvrage de Paul Fleury Mottelay, *Bibliographical History of Electricity and Magnetism, chronologically arranged*, London, Ch. Griffin, 1922.
18. G. Le Nautonier, *Mécométrie de l'eymant c'est-à-dire la manière de mesurer les longitudes par le moyen de l'eymant*, Vénès, chez l'auteur, 1603.
19. M. Mandea et P.-N. Mayaud, « Guillaume Le Nautonier, un précurseur dans l'histoire du géomagnétisme », *Rev. Hist. Sci.*, 2004, vol. 57, p. 161-173.
20. G. Le Nautonier, *op. cit.*, Liv. I, chap. VI.
21. Toussaint de Bessard, *Dialogue de la longitude est-ouest*, Rouen, M. Le Mégissier, 1574.
22. G. Le Nautonier, *La seconde Mécométrie de l'eymant*, 1604, ch. XXI.
23. Et non Didier Dounot de Barleduc, comme l'écrivent plusieurs auteurs anglais.
24. D. Dounot, *Confutation de l'invention des longitudes ou de la mécométrie de l'eymant*, Paris, Huby, 1611.
25. S. Pumfrey, « "O tempora, O magnes", a sociological analysis of the discovery of secular magnetic variation in 1634 », *British J. History of Science*, 1989, vol. 22, p. 181-214.
26. A. Linton, *News of the Complement of the Art of Navigation. And of the Mightie Empire of Cataia. Together with the Straits of Anian*, London, F. Kyngston, 1609.
27. E. Sherburne, *The Sphere of Marcus Manilius made an English Poem*, London, N. Brooke, 1675, *Appendice : A catalogue of astronomers ancient and modern*, p. 123.

28. M. Ridley, *op. cit.*

29. M. Mersenne, *La Vérité des sciences, contre les sceptiques ou pyrrhoniens (1625)*, D. Descotes éd., Paris, H. Champion, 2003, p. 890 sqq.

30. J. Grandami, *Nova demonstratio immobilitatis terræ petita ex virtute magnetica*, La Flèche, Griveau, 1645, cap. IV, sect. II.

31. G. Fournier, *Hydrographie, contenant la théorie & la practique de toutes les parties de la navigation*, Paris, M. Soly, 1643, Livre XII, chap. 34.

32. Le P. Fournier avait navigué en tant qu'aumônier de la Marine royale. Ailleurs, réfutant Cardan et Fracastoro, il écrit: « Cet [*sic*] homme n'ayant pas eu le pied Marin ne méritent pas de réponce. »

33. J. Lamy, *Le problème des longitudes en mer dans les traités d'hydrographie des Jésuites aux XVIIe et XVIIIe siècles*, Histoire et mesure, XXI-2, 2006, p. 95-120.

34. H. Gellibrand, *A discourse mathematical on the Variation of the Magneticall Needle together with its admirable Diminution lately discovered*, London, W. Jones, 1635, Berlin, A. Asher, 1897.

35. « the variation is accompanied by a variation » (p. 6). Le premier mot *variation* a le sens de « déclinaison », alors que le second a le sens usuel.

36. William Borough (1536-1598), navigateur et cartographe.

37. Edmund Gunter (1581-1626), professeur d'astronomie au Gresham College, prédécesseur de Gellibrand à ce poste.

38. S. Pumfrey, « "O tempora, O magnes", a sociological analysis of the discovery of secular magnetic variation in 1634 », *British J. History of Science*, 1989, vol. 22, p. 181-214.

39. *An Appendix touching Longitude, in The strange and dangerous Voyage of Captain Thomas James, in his intended Discovery of the Northwest passage into the South sea, with an Appendix concerning Longitude* by Master Henry Gellibrand, Astronomy Reader of Gresham College in London, London, J. Legatt, 1633.

40. Lettre de Jefferson à Churchman, Alderman Library, University of Virginia.

41. J. Lalande, *Connaissance des temps pour l'an IV* (septembre 1795).

42. A. R. T. Jonkers, *op. cit.*

43. S. Chapman, « Edmond Halley and Geomagnetism », *Nature*, 1943, vol. 152, p. 231-237.

44. E. Halley, « A Theory of the Variation of the Magnetic Compass », *Philos. Trans. Roy. Soc.*, vol. 13, 1683, p. 208-221.

45. On peut voir ici une certaine contradiction dans les arguments de Gilbert, tels qu'interprétés par Halley, puisqu'une déclinaison de près de 90° le long des côtes du Brésil serait d'importance planétaire et peu compatible avec la vision axiale de Gilbert.

46. E. Halley, « An account of the Cause of the Change of the Variation of the Magnetical Needle, with an Hypothesis of the structure of the Internal parts of the Earth », *Philos. Trans. Roy. Soc.*, vol. 17, 1692, p. 563-578.

47. P. van Musschenbroek, *Essai de physique*, traduit du hollandais par P. Massuet, Leyden, S. Luchtmans, 1751, chap. XVIII, p. 303.

Chapitre 5. La quête des explications : les premières théories du magnétisme (p. 61-77)

1. R. Descartes, *Les principes de la philosophie*, Paris, 1644.

2. J. d'Alencé, *Traitté de l'Aiman*, Amsterdam, H. Wetstein, 1687.

3. Th. Birch, *The History of the Royal Society*, London, 1756, vol. II, p. 75, 77-78.

4. Mr Hawkesbee & B. Taylor, « An account of an Experiment Made by Dr Brook Taylor Assisted by Mr Hawkesbee, in Order to Discover the Law of the Magnetic Attraction », *Phil. Trans.*, 1714-1716, vol. 29, p. 294-295.

5. B. Taylor, « Extract of a letter from Dr Brook Taylor FRS to Sir Hans Sloan, dated 25 June 1714. Giving an account of some Experiments relating to Magnetism », *Phil. Trans.*, 1720-1721, vol. 31, p. 204-208.

6. P. van Musschenbroek, *Dissertationes physicae experimentalis et geometricae de magnete*, Leyden, S. Luchtmans, 1729.

7. P. van Musschenbroek, « De Viribus Magneticis. Epistola Viri Doctissimi » P. Musschenbroek, M.D. ad Revm. J. Th. Desaguliers, LL. D.R.S.S., *Phil. Trans.*, 1724-1725, vol. 33, p. 370-378.

8. C'est-à-dire que les forces décroissent plus rapidement.

9. P. van Musschenbroek, *Essai de physique*, trad. P. Massuet, Leyden, S. Luchtmans, 1751. t. I, p. 275-277.

10. La note de Calandrini est intégralement reproduite dans l'article de Robert Palter, « Early measurements of magnetic force », *Isis*, 1972, vol. 63, p. 544-558.

11. Michell fut l'inventeur de la balance de torsion qui permit à Cavendish de mesurer la constante de la gravitation et de « peser la Terre ». Il envisagea également, avant Laplace, la possibilité d'existence de trous noirs.

12. J. Michell, *Traité sur les aimans artificiels*, Paris, H.L. Guérin, 1752, (trad. de *A treatise of artificial magnets*, London, J. Bentham, 1750.), p. cxix.

13. *Art des forges et des fourneaux*, par M. le Marquis de Courtivron ; Et par M. Bouchu, Correspondant de l'Académie royale des sciences. Quatrième section. *Traité du Fer*, par M. Swedenborg, traduit du latin par M. Bouchu, 1762.

14. F. Pérennès, *Dictionnaire de biographie chrétienne et anti-chrétienne*, Paris, Migne, 1851.

15. E. Swedenborg, *Principia rerum naturalium*, Dresde et Leipzig, F. Hekel, 1734, t. I, p. 125 sqq. (ouvrage condamné par décret de la Congrégation de l'Index en date du 28 juillet 1738).

16. Descartes, au sujet de l'aimant, ne parlait pas de « tourbillons » mais de « parties canelées » (voir plus haut).

17. *Ibid.* p. 141.

18. P. van Musschenbroek, *op. cit.*

19. *Ibid.* paragraphus XV.

20. « Dissertatio de Magnete a D. Leonardo Euler », in *Recueil des pièces qui ont remporté les prix de l'Académie royale des sciences, depuis leur fondation jusqu'à présent.* Pièces de 1744 à 1746.

21. L. Euler, *Lettres à une princesse d'Allemagne*, Francfourt, 1774, t. III, Lettre CLXXVI.

22. « Essai sur l'Aiman », in *Recueil des pièces qui ont remporté les prix de l'Académie, op. cit.*

23. *Nouveaux principes de Méchanique & de Physique tendant à expliquer la nature & les propriétés de l'Aiman, ibid.*

24. *Encyclopédie ou dictionnaire raisonné des sciences des arts et des métiers*, Neufchastel, S. Faulche, 1765.

25. L'article, signé (DJ), a vraisemblement été rédigé, comme un grand nombre d'articles scientifiques de l'*Encyclopédie*, par le chevalier Louis de Jaucourt (1704-1779).

26. G. Buffon, *Traité de l'aimant*, 1788.

27. P. van Musschenbroek, *Essai de Physique*, *op. cit.*, 1751, p. 315.

28. *Cf.* A. Cabanès, *Marat inconnu*, Paris, Génonceaux, 1891.

29. Elle fut d'ailleurs citée par M. de Bruno, introducteur des ambassadeurs près de Monsieur frère du Roi, dans son ouvrage : *Recherches sur la direction du fluide magnétique*, Paris, Gueffier, 1785.

30. J.-P. Marat, *Mémoire sur l'électricité médicale*, Paris, Méquignon, 1784.

31. R.J. Haüy, *Exposition raisonnée de la théorie de l'électricité et du magnétisme, d'après les principes de M. Æpinus*, Paris, Desaint, 1787.

32. Æpinus n'était pas le premier à avoir démontré que le globe exerçait un couple et non une force attractive : Norman avait déjà trouvé ce résultat au XVIe siècle.

33. *Cf.* E. G. Forbes, Tobias Mayer (1723-62), « A case of forgotten genius », *British J. for the History of Science*, vol. 5, p. 1-20.

34. J.-B. Biot, « Recherches sur le magnétisme terrestre ; par M. C. A. Morlet », *Bull. des sciences de la Société philomathique de Paris*, 1821, p. 1.

35. E. G. Forbes, *The Unpublished Writings of Tobias Mayer, vol. III, The Theory of the Magnet and its application to terrestrial magnetism*, Göttingen, Vandenhoek & Ruprecht, 1972.

36. On a vu, effectivement, que ni Hooke, ni Hauksbee, ni Taylor, ni Musschenbroek, n'avaient trouvé de loi simple. Mayer écrit : « La force totale que deux aimants exercent l'un sur l'autre ne peut pas être exprimée comme une certaine puissance de la distance entre eux, mais suit une loi beaucoup plus compliquée, de sorte qu'il n'est pas surprenant que les peines de ceux qui ont essayé de la tirer des observations aient été prises en vain. »

37. A. Kircher, *op. cit.*, Lib. III, Pars III, Cap. III, p.563.

38. P. van Musschenbroek, *op. cit.*, p. 315.

39. J.-P. Marat, *Recherches physiques sur l'électricité*, Paris, Clousier, 1782, p. 28.

40. J.-J. Fillassier, *Eraste ou l'ami de la jeunesse ; entretiens familiers, dans lesquels on donne aux jeunes gens de l'un & l'autre sexe, des notions suffisantes sur la plupart des connaissances humaines*, Paris, Méquignon, 1785.

Chapitre 6. De Coulomb à Ampère (p. 78-89)

1. C. A. Coulomb, *Mémoires sur l'électricité et le magnétisme. Deuxième mémoire*, Mémoires de l'Académie des sciences, 1785.

2. C. A. Coulomb, *Mémoires sur l'électricité et le magnétisme. Premier mémoire*, Mémoires de l'Académie des sciences, 1785.

3. C. A. Coulomb, *Mémoires sur l'électricité et le magnétisme. Deuxième mémoire*, Mémoires de l'Académie des sciences, 1785.

4. C. A. Coulomb, *Mémoires sur l'électricité et le magnétisme. Septième mémoire*, Mémoires de l'Académie des sciences, 1789.

5. J. Jamin, *Cours de physique de l'École polytechnique*, Paris, Gauthier-Villars, 1883.

6. J.-B. Biot, *Précis élémentaire de physique expérimentale*, Paris, Deterville, 1824, t. II, ch. 1, p. 2.

7. Le minéral tourmaline (un alumino-silicate) présente le phénomène de pyroélectricité, découvert par Haüy : un cristal de tourmaline chauffé développe des charges électriques positive et négative sur deux faces opposées.

8. L.J. Gay-Lussac, *Cours de physique à la Faculté des sciences de l'Académie de Paris*, recueilli et publié par M. Grosselin, sténographe. Augustin Grosselin (1800-1878) recueillit et publia (avec quelques autres sténographes), les cours professés à la Sorbonne et au Collège de France par Geoffroy Saint-Hilaire, Pouillet, Gay-Lussac, Guizot, Cousin et Villemain.

9. *Correspondance d'Alexandre de Humboldt avec François Arago*, publiée par E. T. Hamy, Paris, E. Guilmoto, 1908. Lettre XIV, 29 juin 1828.

10. *Archives de l'Académie des sciences*, PV de la séance du 18 septembre 1820.

11. A.M. Ampère, *Recueil d'observations électrodynamiques contenant divers mémoires, notices, extraits de lettres ou d'ouvrages périodiques sur les sciences, relatifs à l'action mutuelle de deux courants électriques, à celle qui existe entre un courant électrique et un aimant ou le globe terrestre, et à celle de deux aimants l'un sur l'autre*, Paris, Crochard, 1822.

12. J. Clerk Maxwell, *A Treatise on Electricity and Magnetism*, Oxford, Clarendon Press, 1873, vol. II, part III, § 380.

13. Ch. Maurain, *Le magnétisme du fer*, Paris, Gauthier-Villars, 1899, p. 96.

Chapitre 7. Le magnétisme vu par la physique moderne (p. 90-102)

1. P. Curie, *Sur la possibilité d'existence de la conductibilité magnétique et du magnétisme libre*, Séance de la Société française de physique du 19 janvier 1894, p. 76.

2. On a vu que Coulomb avait trouvé que le *momentum* de fils aimantés à saturation, de même diamètre, était proportionnel à leur longueur.

3. P. Weiss & G. Foëx, *Le magnétisme*, Paris, A. Colin, 1931.

4. Ch. Maurain, *op. cit.*

5. Ch. Maurain, *op. cit.*, p. 96.

6. A.-B. Pippard, *Forces and Particles*, London, MacMillan, 1972, p. 272.

7. Le moment magnétique de spin élémentaire de l'électron est appelé « magnéton de Bohr », μB. Le magnéton de Bohr vaut $\mu B = eh/4\pi m_e$, où e et m_e sont respectivement la charge et la masse de l'électron, et *h* est la constante de Planck.

8. Il existe d'autres métaux (les terres rares) dont la sous-couche interne 4*f* n'est pas remplie. Beaucoup de ces métaux sont magnétiques (gadolinium, dysprosium, etc.) et certains de leurs alliages fournissent des aimants permanents puissants, par exemple : néodyme-fer-bore ou samarium-cobalt.

9. P. Weiss & G. Foëx, *Le magnétisme*, Paris, A. Colin, 1931, p. 162.

10. *Ibid.*

11. M. Skłodowska-Curie, *Propriétés magnétiques des aciers trempés*, C.R. Académie des Sciences Paris, 1897, vol. 125, p. 1165-1169. Nous remercions ici Olivier Hardouin-Duparc qui nous a signalé cet article.

12. P. Curie, *Sur les propriété magnétiques du fer à diverses température*, C.R. Académie des Sciences Paris, 1892, vol. 115, p. 859-862.

13. E. Swedenborg, *Principia rerum naturalium*, *op. cit.*, p. 194 sqq., Tab. X, Figs 1 et 2.

14. P. Wasilewski & G. Kletetschka, « Lodestone : Nature's only permanent magnet. What it is and how it gets charged », *Geophysical Research Letters*, vol. 26, 1999, 2275-2278.

15. Même le Centre d'études nucléaires de Saclay s'appelle maintenant Centre d'études atomiques (CEA)… alors qu'il y a soixante ans, c'est le mot « atomique » qui faisait peur !

16. Le lecteur intéressé pourra se reporter à l'illuminante leçon inaugurale d'Abragam au Collège de France en 1960, intitulée : *Magnétisme nucléaire* (in A. Abragam, *Réflexions d'un physicien*, Paris, Hermann, 1983).

17. Nous ne pouvons pas entrer ici dans les redoutables complications des unités utilisées en magnétisme. Qu'il nous suffise de mentionner qu'en dehors de la matière aimantée on utilise comme unité de champ magnétique le tesla (T), dans le système international (SI). 1 tesla = 104 gauss (système « centimètre-gramme-seconde », CGS). À la latitude de 50°, le champ géomagnétique est d'environ 60 000 nanoteslas.

Chapitre 8. Archéomagnétisme et paléomagnétisme (p. 103-108)

1. A. Hopwood, *The magnetic materials in clay wares*, Proc. Royal Society, vol. 89, 1913, p. 21.

2. Th. Browne, *Pseudodoxia epidemica*, J. Corti, 2004, livre II, ch. II.

3. Nous dirions aujourd'hui « aimantation rémanente ».

4. S. Gherardi, « Sul magnetismo polare di palazzi ed altri edifizi in Torino », *Il nuovo cimento*, vol. 16, 1862, p. 384-418.

5. S. Gherardi, « Sul magnetismo polare de' mattoni e altre terre cotte, continuazione e propugnazione della memoria sul magnetismo polare di palazzi ecc. », *Il nuovo cimento*, vol. 18, 1863, p. 89-107.

6. S. Gherardi, « Sopra una speciale esperienza attinente al magnetismo delle terre cotte ». Lettera del Prof. Comm. S. Gherardi al Sig. Prof. Cav. Fiorelli, *Il nuovo cimento*, vol. 18, 1863, p.108-111.

7. G. Folgheraiter, « Ricerche sull'inclinazione magnetica all'epoca etrusca », *Rend. della R. Accad. dei Lincei*, vol. 5, 1896, p. 293.
8. G. Folgheraiter, « Ricerche sull'inclinazione magnetica col mezzo della distribuzione del magnetismo libero nei vasi fittili antichi », *Rend. della R. Accad. dei Lincei*, vol. 8, 1899, p. 69-76.
9. G. Folgheraiter, « Ancora sull'inclinazione magnetica durante il periodo di fabbricazione dei vasi fittili greci », *ibid.*, p. 269-275.
10. *Cf.* V. Courtillot et J.-L. Le Mouël, « The study of the Earth's magnetism (1269-1950) : A foundation by Peregrinus and subsequent development of geomagnetism and paleomagnetism », *Reviews of geophysics*, vol. 45, 2007, RG 3008.
11. J. Fournet, « Aperçus sur le magnétisme des minerais et des roches et sur les causes de quelques anomalies du magnétisme terrestre », *Ann. sciences physiques et naturelles d'agriculture et d'industrie*, Lyon, vol. 11, 1848, p. 143-195.
12. A. Delesse, « Sur le magnétisme polaire dans les minéraux et dans les roches », *Annales de Chimie et de Physique*, vol. 25, 1849, p. 194-209.
13. Melloni fut le premier à montrer que la chaleur rayonnante (rayons infrarouges) avait les mêmes propriétés de réflexion, réfraction et polarisabilité que la lumière visible.
14. M. Melloni, « Sur l'aimantation des roches volcaniques », *C.R. Acad. Sci. Paris*, vol. 37, 1853, p. 229-231 ; Du magnétisme des roches, *Ibid.*, p. 966-968.
15. Brunhes fut le premier, en 1900, à mesurer la vitesse de propagations des rayons X, qu'il trouva égale à la vitesse de la lumière.
16. B. Brunhes, « Sur la direction de l'aimantation permanente dans une argile de Pontfarein (Cantal) », *Soc. météorologique de France*, oct. 1905, p. 28-29. « Sur la direction de l'aimantation permanente dans une argile de Pontfarein », *C.R. Acad. Sci,*. Paris, vol. 141, 1905, p. 567-568.
17. *La Nature*, n° 1689, 7 octobre 1905, p. 303.
18. *Cf.* C.-J. Allègre, *L'Écume de la Terre*, Paris, Fayard, 1985.
19. V. Courtillot et J.-L. Le Mouël, *op. cit.*
20. S.R. Chang & J.L. Kirschvink, « Magnetofossils, the magnetization of sediments, and the evolution of magnetite biomineralization », *Ann. Rev. Earth Planet. Sci.*, 17, 169-195, 1989.

Chapitre 9. Le biomagnétisme (p. 109-111)

1. R.P. Blakemore, « Magnetotactic bacteria », *Science*, 1975, vol. 190, p. 377-379. R.P. Blakemore, R.B. Frankel, « Magnetic navigation in bacteria », *Scientific American*, Dec. 1981, p. 43-49.
2. S. Mann, N.H.C. Sparks, M.M. Walker, J.L. Kirschvink, « Ultrastructure, morphology and organization of biogenic magnetite from sockeye salmon, Onchorhynchus Nerka : implications for magnetoreception », *J. exp. Biology*, 1988, vol. 140, p. 35-49.
3. L. Seachrist, « Sea turtles master migration with magnetic memories », *Science*, 1994, vol. 264, p. 661-662.
4. K.P. Able, « Common themes and variations in animal orientation systems », *American Zoologist*, 1991, vol. 31, p. 157-167.
5. *La Logique, ou l'art de penser*, Paris, Desprez & Cavelier, 1752, p. 285.

Chapitre 10. Le signal du sourcier et le magnétisme (p. 112-116)

1. Y. Rocard, *Le signal du sourcier*, Paris, Dunod, 1964.
2. On verra plus tard que l'action physiologique des aimants est depuis longtemps, et reste aujourd'hui, un sujet qui intéresse un grand nombre de personnes.
3. Y. Rocard, *La science et les sourciers, baguettes, pendules, biomagnétisme*, Paris, Dunod, 1989.

4. P. Thouvenel, *Mémoire physique et médicinal montrant des rapports évidents entre les phénomènes de la baguette divinatoire, du magnétisme et de l'électricité*, Paris, Didot le Jeune, 1781.

5. *Ibid.* p. 95.

6. Jacques Alexandre César Charles, (1746-1823), professeur de physique expérimentale. Il fut le premier à faire une ascension dans un ballon gonflé à l'hydrogène, en 1783.

7. « Lettre sur la baguette divinatoire par M. de la Lande », *Journal des sçavans*, août 1782, p. 558-564.

8. M.-E. Chevreul, *De la baguette divinatoire, du pendule dit explorateur et des tables tournantes, au point de vue de l'histoire, de la critique et de la méthode expérimentale*, Paris, Mallet-Bachelier, 1854.

9. *Ibid.*

10. R.A. Foulkes, « Dowsing experiments », *Nature*, 1971, vol. 29, p. 163-168.

11. Hansen, *op. cit.*

Chapitre 11. La mesure du magnétisme terrestre (p. 117-147)

1. V. Courtillot et J.-L. Le Mouël, « The study of the Earth's magnetism (1269-1950) : A foundation by Peregrinus and subsequent development of geomagnetism and paleomagnetism », *Reviews of geophysics*, vol. 45, 2007, RG 3008.

2. Le champ magnétique est un champ de vecteur caractérisé par une intensité et une direction, en tous points de l'espace où il est sensible (agit sur l'aiguille aimantée). Au XIXe siècle, le terme « force » était souvent utilisé au lieu de celui de champ (introduit sans doute par Faraday) et l'intensité du champ était dite « force totale ».

3. Parfois confondu avec l'astronome suédois Fredrik Mallet (1728-1797) qui, lui aussi, observa le passage de Vénus, à Pello en Finlande.

4. « Observationes variæ a Jacobo-Andrea Mallet in Lapponia ad Ponoi institutæ anno 1769 », *Novi commentarii academiæ imperialis Petropolitanæ*, 1769, t. XIV, pars II, p. 33.

5. Jean-Charles de Borda (1733-1799), capitaine de vaisseau et mathématicien, membre de l'Académie des sciences, fut l'un des membres fondateurs du Bureau des longitudes.

6. Édouard de Rossel (1765-1829), lieutenant de vaisseau.

7. A. von Humboldt, *Cosmos*, trad. Ch. Galusky, Paris, Gide, 1859, t. IV, p. 102.

8. Humboldt fut l'un des plus distingués naturalistes de son époque. Après des travaux géologiques comme assesseur des mines à Bayreuth, il utilisa la fortune héritée de sa mère à organiser, avec le botaniste Aimé Bonpland (1773-1858), une exploration de l'Amérique centrale et de l'Amérique du Sud. Ses observations de géographie physique, de météorologie, de magnétisme, de géologie et de botanique firent l'objet d'un monumental ouvrage qu'il se ruina à publier : *Le voyage aux régions équinoxiales du Nouveau continent, fait en 1799-1804, par Alexandre de Humboldt et Aimé Bonpland* (Paris, 1807).

9. *Ibid.* t. I, p. 505, note 59.

10. Sur l'œuvre géologique de Lamanon, voir G. Pichard, *Robert Paul de Lamanon (1752-1787) entre théorie de la Terre et géologie*, Travaux du Comité français d'histoire de la géologie, t. VI, 3e série, séance du 26 février 1992.

11. D.E. Cartwright, « Robert Paul de Lamanon : An unlucky Naturalist », *Annals of Science* (1997), vol. 54, p. 585-596.

12. G. Cuvier, *Histoire des sciences naturelles pendant la deuxième moitié du XVIIIe siècle et une partie du XIXe chez tous les peuples connus*, Paris, Fortin & Masson, 1843, t. II, p. 99.

13. *Voyage de La Pérouse autour du monde*, rédigé par M. L.A. Milet-Mureau, Paris, Imprimerie de la République, an V (1797), t. IV, p. 254.

14. Il ne doit pas être confondu, comme on le fait parfois, avec l'amiral Victor Guy Duperré (1775-1846). Le capitaine de vaisseau Duperrey, qui avait commandé l'expédition scientifique de La Coquille (1822-1825), fut élu à l'Académie des sciences en 1842.

15. B. Mairé, « La lettre de Paul de Lamanon à Condorcet sur l'intensité magnétique, ou l'énigme d'une lettre perdue », *Revue de la Bibliothèque nationale de France*, 2003, n° 14, p. 29-40.

16. *Ibid.* p. 34-36.

17. Pour faciliter la lecture et ne garder que les indications indispensables de latitude, nous n'avons pas reproduit les longitudes (de Paris et de l'île de Fer).

18. A. von Humboldt, *op. cit.*, t. I, p. 505, note 59.

19. En poids du roi, la livre (489,51 g) comprend 16 onces. Une once (30,59 g) comprend 24 gros. Un gros (3,82 g) comprend 3 deniers. Un denier (1,27 g) comprend 24 grains. Un grain vaut 53 mg.

20. N.P. Ledru, « Précis des nouvelles découvertes sur l'aimant et de leur utilité », in B. Mairé, *op. cit.*

21. N.P. Ledru, « Plan des expériences magnétiques à faire dans le voyage autour du monde par Monsieur de La Peyrouse [...]. Ces expériences sont proposées et rédigées par Nicolas Philippe Le Dru, physicien du Roy, d'après son système qu'il a remis à Sa Majesté, le 22 May 1785 », in B. Mairé, *op. cit.*

22. *Voyage de d'Entrecasteaux envoyé à la recherche de La Pérouse*, rédigé par M. de Rossel, Paris, Imprimerie Impériale, 1808, t. II, tables VIII.

23. L.I. Duperrey, « Remarques sur l'intensité du champ magnétique terrestre », *C.R. Acad. sci. Paris*,1837, vol. 5, p. 874-875.

24. S.D. Poisson, *Solution d'un Problème relatif au Magnétisme terrestre*, *Connaissance des tems pour l'an 1828*, 1825, p.322-330 ; B. Leprêtre et J.-L. Le Mouël, « Sur la mesure de l'intensité du champ magnétique terrestre et la distribution du magnétisme dans les aimants », *C.R. Geosciences*, 2005, vol. 337, p. 1384-1391.

25. C.F. Gauss, *Intensitas vis magneticæ terrestris ad mensuram absolutam revocata*, Göttingen, 1833.

26. *Correspondance d'Alexandre de Humboldt avec François Arago*, *op. cit.*, Lettre XXXIV, 28 décembre 1832.

27. F. Arago, *Œuvres complètes*, Paris, Gide, 1859.

28. *Correspondance d'Alexandre de Humboldt avec François Arago*, *op. cit.*, Lettre XVI, 25 février 1829.

29. *Ibid.* Lettre XVII, 31 mars 1829.

30. J.-P. Poirier, *Antoine d'Abbadie, voyageur et physicien du globe au XIXe siècle*, Paris, Hermann, 2009.

31. A. d'Abbadie, *Géodésie d'Éthiopie*, Paris, B. Duprat, 1863, Introduction, p.i.

32. Jean-Dominique Cassini IV (1747-1845) fut, comme son père, son grand-père et son arrière grand-père, directeur de l'Observatoire. Il s'intéressa à la détermination des longitudes au moyen de montres marines et accompagna l'horloger Le Roy dans un voyage au long cours en Amérique et en Afrique, pour éprouver ses montres. Il fit aussi de très soigneuses mesures du magnétisme terrestre. Cassini IV poursuivit le grand œuvre de la famille : la triangulation de la France et la confection de la carte dite « de Cassini », qui fut présentée à la Convention nationale en 1793 et servit de document de base pour la création des départements. Il participa à la commission établie par l'Académie pour fonder le système métrique.

33. J.-P. Poirier, *Jean-Baptiste Biot (1774-1862), un savant méconnu*, Paris, Hermann, 2011.

34. *Correspondance d'Alexandre de Humboldt avec François Arago*, *op. cit.*, Lettre XLII, Décembre 1835.

35. T.L. Hansen et P.P. Aspaas, « Maximilian Hell's geomagnetic observations in Norway 1769 », *Tromsø Geophysical Observatory Report*, n° 2, 2005.

36. K. Birkeland, *Expédition norvégienne 1899-1900 pour l'étude des aurores boréales. Résultat des recherches magnétiques*, Christiania, J. Dybwad, 1901, p. 39 sqq.

37. À l'instar de Gilbert, Birkeland nommera plus tard *Terrella* sa « petite Terre ».
38. *Correspondance d'Alexandre de Humboldt avec François Arago*, *op. cit.*, Lettre XLIV, 25 octobre 1837.
39. P. Fleury Mottelay, *op. cit.*
40. C. Hansteen, *Untersuchungen über den Magnetismus der Erde*, Christiania, Lehnann & Gröndahl, 1819.
41. J. Cawood, « The Magnetic Crusade : Science and Politics in Early Victorian Britain », *Isis*, vol. 70, 1979, p. 493-518.
42. G.D. Garland, « The contributions of Carl Friedrich Gauss to geomagnetism », *Historia Mathematica*, vol. 6, 1979, p. 5-29.
43. E. Mascart, *Traité de magnétisme terrestre*, Paris, Gauthier-Villars, 1900.
44. Plusieurs définitions, non concordantes, qui ont été proposées pour l'équateur et les pôles magnétiques, ont conduit à leur attribuer des positions différentes. L'équateur magnétique pouvait être : la ligne d'inclinaison nulle ; la ligne sur laquelle la composante horizontale est maximale sur chaque méridien ; la ligne sur laquelle le champ total F est minimal. Les pôles magnétiques pouvaient être : les points d'intersection des isogones ou des méridiens magnétiques ; les points où la composante horizontale du champ H est nulle ; les points où la composante verticale du champ Z, ou le champ total F, ont des valeurs maximales.
45. J. Fournet, « Aperçus sur le magnétisme des minerais et des roches et sur les causes de quelques anomalies du magnétisme terrestre », *Ann. sciences physiques et naturelles d'agriculture et d'industrie*, Lyon, 1848, vol. 11, p. 143-195.
46. *Le Musée des sciences*, 3e année, n° 8, 23 juin 1858.
47. V. Courtillot et J.-L. Le Mouël, « The study of the Earth's magnetism (1269-1950) : A foundation by Peregrinus and subsequent development of geomagnetism and paleomagnetism », *Reviews of geophysics*, vol. 45, 2007, RG 3008.
48. John Lamont, né écossais, soutint sa thèse en Allemagne et devint professeur d'astronomie à l'université de Munich. Il était membre de l'Union magnétique de Göttingen, fondée par Gauss et Humboldt. Il est l'auteur d'un *Handbuch des Erdmagnetismus* (1849). Voir : H. Soffel, « Johann von Lamont, A Pioneer in Geomagnetism », *Eos*, vol. 87, 2006, p. 247-249.
49. Th. Moureaux, « Déterminations magnétiques », *Académie des sciences*, séance du 9 février 1891.
50. V.N. Pham, D. Boyer et J.-L. Le Mouël, « Nouveaux arguments sur l'origine de l'anomalie magnétique du Bassin de Paris (AMBP) d'après les propriétés électriques de la croûte », *C.R. Acad. sci. Paris*, vol. 331, 2000, p. 443-449.
51. Ce fer oxydé est de l'hématite Fe203, dont le moment magnétique est plus de 100 fois plus faible que celui de la magnétite.

Chapitre 12. La théorie du champ principal terrestre (p. 148-167)
1. E. Mascart, *Traité de magnétisme terrestre*, *op. cit.*
2. On sait maintenant que la « dérive vers l'ouest » n'a pas de caractère planétaire.
3. Wilde, *Magnétarium destiné à reproduire les phénomènes du magnétisme terrestre et les changements séculaires des composantes horizontales et verticales*, C.R. Acad sci. Paris, vol. 125, 1897, p. 86-87.
4. H. Wilde, « On the relations of the secular variation of the magnetic declination and inclination at London, Cape of Good Hope, St Helena and Ascension island, as exhibited on the magnetarium », *Proc. Roy. Soc.*, vol. 55, 1894, p. 210-216.
5. Parmi les lauréats français du prix Henry Wilde, on peut citer le géologue Pierre Termier, en 1906 ; Joseph Vallot, directeur de l'Observatoire du mont Blanc, en 1910 ; les physiciens Charles Fabry et Alfred Pérot, inventeurs de l'interféromètre qui porte leurs noms, en 1911 ; le commandant Gustave Ferrié, pour ses travaux sur la T.S.F, en 1912.

6. W.L. Krafft, « Essai sur une loi hypothétique de l'inclinaison de l'aiguille aimantée en différens endroits de la Terre, présenté le 30 avril 1806 », *Mémoires de l'Académie impériale des sciences de St Petersbourg*, t. I, (1809) p. 248-270.

7. A. de Humboldt et J.-B. Biot, « Sur les variations du magnétisme terrestre à différentes latitudes », *J. de Physique, Chimie et Histoire naturelle*, vol. 54, 1804, p. 429-450.

8. B. [Biot], « Recherches sur le magnétisme terrestre ; par M. C.A. Morlet », *Bull. des sciences de la Société philomathique de Paris*, 1821, p. 1.

9. *Göttingische Anzeigen von gelehrten Sachen*, 42 Stück den 6 Februar 1762.

10. T. Mayer, « A new theory of the variation and dip of the magnetic needle », in *The Unpublished Writings of Tobias Mayer*, vol. III, Göttingen, Vandenjoek & Ruprecht, 1972, p. 99-103.

11. C.F. Gauss, *Allgemeine Theorie des Erdmagnetismus*, in Werke, Hildesheim, G.Olms, 1981, Band V, p. 119-180.

12. La colatitude θ, comptée à partir du pôle, est le complément de la latitude φ : $\theta = 90° - \varphi$.

13. A. Schmidt, « Zur Frage der elektrischen Vertikalströme », *Zeitschrift für Geophysik*, vol. 1, 1924, p. 281-284.

14. A. Schuster, « The diurnal variation of terrestrial magnetism », *Phil. Trans. Royal Soc.*, 1889, vol. 180 (A), p. 467-518.

15. E. Mascart, *Traité de magnétisme terrestre, op. cit.*

16. A. Schuster, « A critical examination of the possible causes of terrestrial magnetism », *Proc. Phys. Soc. London*, vol. 24, 1912, p. 121-137.

17. J.-M. Léger, C. Susse, B. Vodar, « Propriétés magnétiques du fer et de l'invar sous hautes pressions », *Solid State Communications*, vol. 4, 1966, p. 503-505.

18. F. Zöllner, « On the origin of the Earth's Magnetism and the Magnetic relations of the Heavenly Bodies », *Philosophical magazine*, ser. 4, vol. 43, 1872, p. 345-365.

19. Zöllner est plus connu pour avoir inventé, en 1869, un pendule horizontal qui fut très utilisé dans les sismographes.

20. F. Zöllner, *op. cit.*, p. 481-502.

21. W. Thomson (Lord Kelvin), « Presidential Address », *Proc. Roy. Soc. London*, vol. 52, 1892, p. 303-310.

22. W. Sutherland, « A possible cause of the Earth's magnetism and a theory of its variation », *Terrestrial magnetisme and atmospheric electricity*, vol. 5, 1900, p. 73-83.

23. W. Sutherland, « The cause of the Earth's magnetism », *Ibid.*, vol. 5, 1903, p. 49-52. « The cause of the Earth's magnetism and gravitation », *Ibid.*, vol. 8, 1904, p. 167-172.

24. P.M.S. Blackett, « The magnetic field of massive rotating bodies », *Nature*, 1947, vol. 159, p. 658-666.

25. P.M.S. Blackett, « A Negative Experiment relating to Magnetism and the Earth's Rotation », *Phil. Trans Roy. Soc.*, vol. 245, 1952, 309-369.

26. J.-P. Poirier, « Light elements in the Earth's outer core : A critical review », *Physics of the Earth and Planetary Interiors*, 1994, vol. 85, p. 319-337. C.J. Allègre, J.-P. Poirier, E. Humler, A.W. Hofmann, « The chemical composition of the Earth », *Earth & Planetary Science Letters*, vol. 134, 1995, p. 515-526.

27. J. Larmor, « Possible rotational origin of magnetic fields of Sun and Earth », *Electrical review*, 1919, vol. 85, p. 412 sqq.

28. E. Dormy, J.-L. Le Mouël, « Geomagnetism and the dynamo : where do we stand ? », *C. R. Acad. sci. Paris, physique*, vol. 9, 2008, p. 711-720.

Seconde partie. L'aimant et la santé

Chapitre 1. L'aimant, la médecine et la chirurgie (p. 171-177)

1. J.-P. Poirier, *Le Minéral et le Vivant*, Paris, Fayard, 1995.
2. 药石罔效 (yao shi wang xiao).
3. 152-156 Queen's Road, Central, Hong-Kong.
4. Pline, *Histoire naturelle, XXXVI*, 16, trad. E. Littré, Paris, Firmin Didot, 1855.
5. *Psellus de lapidum virtutibus græce et latine*, Lugduni Batavorum, Ph. Bonks, 1745.
6. Hildegarde de Bingen, *Le livre des subtilités des créatures divines*, Grenoble, J. Millon, 1988.
7. Th. Browne, *Pseudodoxia Epidemica*, J. Corti, 2004, p. 153.
8. Goclenius, *De magnetica vulnerum curatione*, Francfort, P. Musculus, 1613.
9. Oswald Croll (env. 1560-1608), alchimiste disciple de Paracelse, professeur de médecine à l'université de Marburg.
10. N. Lemery, *Pharmacopée universelle*, Paris, de Saint & Saillant, 1764.
11. A. Boèce de Boodt, *op. cit.*, p. 226.
12. W. Gilbert, *De Magnete*, (1600), New York, Dover, 1958, I, 3.
13. R. Boyle, *An Essay about the Origin and Virtues of Gems*, London, 1672.
14. Th. Browne, *Pseudodoxia Epidemica*, *op. cit.*, p. 148-149.
15. A. Trousseau et H. Pidoux, *Traité de thérapeutique et de matière médicale*, Paris, Béchet, 1862. p. 926.
16. Th. Kerckring, *Spicilegium anatomicum, Amsterdam*, A. Frisius, 1670. observatio 44, p. 99 : *Acus gutturi inhærens magnete extracta.*
17. L. Michaud, M. Bellaïche, J.-P. Olives, « Ingestion de corps étrangers chez l'enfant », *Archives de pédiatrie*, vol. 16, 2009, p. 54-61.
18. Marie Colinet (v. 1560-v. 1640), née à Genève, était l'assistante de son mari.
19. Fabricius Hildanus, *Observationum et curationum medico-chirurgicarum centuria quinta*, observatio 21, Francfort, J. Beyer, 1646.
20. *American Encyclopædia of Ophtalmology*, vol. 10, p. 7679.
21. La sclérotique est couramment appelée « blanc de l'œil ».
22. A. Lallement et al., « Corps étrangers métalliques du segment postérieur: extraction à l'électro-aimant à la pars plana dans le cadre de l'urgence. Étude rétrospective de 21 patients », *J. français d'ophtalmologie*, vol. 30, supp. 2, 2007, p. 2S221.
23. Ph. Ménasché et al., *Cell transplantation*, 26 juin 2012.
24. H. Cordier, « Cas clinique de chirurgie bovine : réticulo péritonite traumatique par corps étranger », *Document destiné aux participants du module de chirurgie bovine en milieu rural*, Ecole vétérinaire de Lyon, juin 2004.

Chapitre 2. Le magnétisme minéral (p. 178-186)

1. J.-P. Poirier, *L'abbé Bertholon, un électricien des Lumières*, Paris, Hermann, 2008.
2. M. A. Thouret, « Observations sur les vertus de l'aimant », *Histoire et mémoires de la Société royale de médecine*, 1776, Paris, p. 281-285.
3. Andry et Thouret, « Observations et recherches sur l'usage de l'aimant en médecine ou Mémoire sur le magnétisme médical », lu le 29 août 1780, *Histoire et mémoires de la Société royale de médecine*, 1779, Paris, Imprimerie de Monsieur, 1782, p. 531-688.
4. *Cosi fan tutte*, Acte I, scène 16.
5. R. T. H. Laënnec, *Traité de l'auscultation médiate*, Paris, J. S. Chaudé, 1826, t. II, p. 750.
6. H. Durville, *Application de l'aimant (magnétisme minéral) au traitement des maladies*, Paris, Librairie du magnétisme, 1887.

7. On retrouve ici les idées de Mesmer, qui pensait que le corps humain est divisé en deux parties longitudinales, le côté droit pouvant être regardé comme le pôle sud et le gauche comme le pôle nord.

8. P. Bertholon, *De l'électricité du corps humain dans l'état de santé et de maladie*, Lyon, Bernuset, 1786.

9. R.M. Macklis, « Magnetic healing, Quackery, and the debate about the health effects of Electromagnetic fields », *Annals of Internal Medicine*, 1993, vol. 118, p. 376.

10. *Cf.* M.A. Sabadell, « Biomagnetic Pseudoscience and Nonsense Claims », *Skeptical Inquirer*, 1998, vol. 22

11. A. Trousseau et H. Pidoux, *Traité de thérapeutique et de matière médicale*, *op. cit.*, p. 928.

12. *Ibid.*, p. 930.

13. M.H. Pittler, E.M. Brown, E. Ernst, « Static magnets for reducing pain : systematic review and meta-analysis of randomized trials », *Canadian Medical Association Journal*, 2007, vol. 177, p. 736-742.

Chapitre 3. Mesmer et le magnétisme animal (p. 187-198)

1. *Cf.* L. Figuier, *Mesmer et le magnétisme animal*, Genève, Arbre d'or, 2005.

2. F.-A. Mesmer, Précis historique des faits relatifs au magnétisme animal, L'Harmattan, 2005, p. 79.

3. *Ibid,* p. 11.

4. « Traité théorético-pratique du magnétisme animal de M. Mesmer », in *Mémoires de Lavoisier sur le magnétisme animal*, Lavoisier, Œuvres complètes, 1865, t. III, p. 503.

5. J.-J. Paulet, *L'antimagnétisme ou origine, progrès, décadence, renouvellement et réfutation du magnétisme animal*, Londres,1784.

6. M.A. Thouret, *Recherches et doutes sur le magnétisme animal*, Paris, Prault, 1784.

7. W. Maxwell, *De medicina magnetica*, Francfort, J.P. Zubrodt, 1679.

8. Charles Deslon (v. 1750-1786), docteur-régent de la Faculté de médecine de Paris, premier médecin du comte d'Artois, fut un des premiers disciples de Mesmer, et c'est lui qui soumit le système de Mesmer à l'examen de la commission présidée par Lavoisier. S'étant établi magnétiseur pour son propre compte, les relations avec Mesmer furent rompues.

9. Mémoires de Lavoisier, *op. cit.*, p. 499.

10. Quelques jours plus tard, le baron de Breteuil institua une deuxième commission de la Société royale de médecine, comprenant Mauduyt de La Varenne, Andry et Caille, ainsi que le médecin et chimiste Poissonnier et le botaniste Antoine Laurent de Jussieu, de l'Académie des sciences. Cette commission arriva aux mêmes conclusions que la commission présidée par Lavoisier, mais Jussieu, en désaccord avec celles-ci, ne les signa pas.

11. *Mémoires de Lavoisier*, *op. cit.*, p. 509.

12. P. Huard, J. Sonolet, M. Wong, « Mesmer en Chine. Trois lettres médicales du R.P. Amiot, rédigées à Pékin, de 1783 à 1790 », *Revue de synthèse*, 1960, vol. 81, p. 61-98.

13. Le yang 阳 est le principe actif masculin, associé au feu, à la lumière, au Soleil ; le yin 阴 est le principe passif féminin, associé à l'eau, aux ténèbres, à la Lune.

14. F. Szapary, *Magnétisme et magnétothérapie*, Paris, chez l'auteur, 1854.

15. L'abbé Faria fut arrêté à Marseille en 1797 et emprisonné quelque temps au château d'If. En 1819, il publia son ouvrage *De la cause du sommeil lucide ou Étude de la nature de l'homme.* L'abbé Faria du roman d'Alexandre Dumas *Le comte de Monte-Cristo* n'a en commun avec le véritable abbé Faria que le nom et le fait d'avoir été emprisonné au château d'If. C'était un savant abbé italien (et non portugais) qui ne se mêlait en rien d'hypnotisme.

16. Chateaubriand, *Mémoires d'outre-tombe*, IIe partie, livre II, Paris, Garnier, 1947, t. II, p. 218.

17. Il était le père de l'explorateur polaire Jean-Baptiste Charcot (1867-1936), qui disparut avec le *Pourquoi-pas* en septembre 1936.

18. Un tableau d'André Brouillet, exposé à l'École de médecine, à Paris, représente une de ces leçons.

19. Jules Luys (1828-1897), chef de service à l'hôpital de la Charité et Victor Dumontpallier (1826-1899), chef de service à l'hôpital de la Pitié.

20. J. Philippon et J. Poirier, *Joseph Babinski, a biography*, Oxford U. Press, 2009.

21. On doit noter que la commission de la Société de biologie s'intéressa aux effet de l'or, du zinc, du fer et du cuivre, mais que le mot « aimant » n'apparaît pas dans son rapport, lu dans la séance du 14 avril 1877.

22. J. Babinski, « Recherches servant à établir que certaines manifestations hystériques peuvent être transmises d'un sujet à l'autre sous l'influence de l'aimant », *Publications du Progrès médical*, IV, 1010-1011, 20 nov. 1886.

23. J. Philippon et J. Poirier, *op. cit.*, p. 34.

24. J.-M. Charcot, *Leçons sur les maladies du système nerveux faites à la Salpêtrière*, t. III, p. 122.

25. J. Luys, « Action psychique des aimants », *Revue d'hypnologie théorique et pratique*, 1890, p. 77-83.

Conclusion (p. 199-200)

1. En juillet 2013, Google donnait 12 200 000 entrées pour le mot « aimant » et 688 000 pour le mot « magnétiseur ».

Index des noms propres

Index des noms communs

IMPRIM'VERT®

Imprimé en France par SEPEC à Péronnas
N° d'édition : 007532-01 - N° d'imprimeur : 01662130731
Dépôt légal : août 2013